C语言程序设计

主　编　李　浩　刘　磊
杨冬芹
副主编　陈长印　周　玫
刘英晖　徐剑波

图书在版编目(CIP)数据

C语言程序设计/李浩,刘磊,杨冬芹主编. —西安:
西安交通大学出版社,2016.7(2018.7重印)
ISBN 978-7-5605-8779-0

Ⅰ.①C… Ⅱ.①李… ②刘… ③杨… Ⅲ.①C语言-程序设计-高等职业教育-教材 Ⅳ.①TP312

中国版本图书馆CIP数据核字(2016)第164954号

书　　名　C语言程序设计
主　　编　李　浩　刘　磊　杨冬芹
责任编辑　任振国　宋小平

出版发行　西安交通大学出版社
(西安市兴庆南路10号　邮政编码710049)
网　　址　http://www.xjtupress.com
电　　话　(029)82668357　82667874(发行中心)
(029)82668315(总编办)
传　　真　(029)82668280
印　　刷　西安日报社印务中心

开　　本　787mm×1092mm　1/16　**印张**　14.75　**字数**　357千字
版次印次　2016年8月第1版　2018年7月第2次印刷
书　　号　ISBN 978-7-5605-8779-0
定　　价　35.00元

读者购书、书店添货、如发现印装质量问题,请与本社发行中心联系、调换。
订购热线:(029)82665248　(029)82665249
投稿热线:(029)82669097　QQ8377981
电子信箱:lg_book@163.com

前 言

C语言是一门应用非常广泛的语言，不仅可以用来编写应用软件，还可以用来编写系统软件。C语言广泛应用的主要原因有两点：一是C语言与UNIX操作系统之间存在着密不可分的关系；二是C语言本身是软件工程中倡导的结构化程序设计语言，且语句简练、书写灵活、运行效率高、处理能力强，并具有很好的移植性。读者一旦掌握了C语言，就可以较为轻松地学习其它任何一门程序设计语言，为后继课程的学习打下良好的基础。目前C语言已经是在高职院校普遍开设的一门计算机专业基础课程。

初学C语言的人会发现，学习C语言是一个充满挫折的艰难历程。一方面，抽象的算法与程序设计过程让人感到用C语言进行程序设计高不可攀，学习C语言索然无味，学习时总是提不起精神来。另一方面，调试程序时所遇到的各种困难又会让人对C语言望而却步，使学习C语言的计划常常半途而废。即使勉强坚持学完了，也不十分清楚C语言究竟能解决现实生活中的什么实际问题。因此，本书在介绍C语言的同时，将试图为读者解答这些疑惑。希望读者在用本书作为教材学习C语言时，不再有望而却步的感觉；相反，可以在一种轻松、愉快的气氛中探索程序设计的奥妙。

本书在内容组织与讲解方面作了精心的安排：

(1)结合简单直观的图示进行重点、难点内容的讲解。

(2)语言叙述通俗易懂，一些易混淆和难理解的概念尽量通过打比方的方法来进行类比讲解。

(3)本书章节安排由浅入深、循序渐进，前后章节内容衔接紧密，难易程度过渡自然。

(4)书中的例题都是精心挑选和设计的，这些程序主要来源于生活，不但内容丰富、涉及面广，而且生动有趣。

(5)书中绝大部分程序实例都是以“一题多种解决方案、一题多种编程方法”的形式出现的，让读者在程序设计时不局限于一种解题思路和一种实现方法，在程序的设计与编写过程中加深对各种语句功能、语法规范、程序结构以及编程方法和技巧的理解，通过一题多问、一题多解带动读者去发掘、去探索、去寻求更好的解决途径，从而达到提高分析问题和解决问题的能力。

(6)本书以C语言为依托，贯穿算法设计、数据结构设计以及程序设计方法和软件工程思想的介绍，帮助读者在学习和掌握一门语言的同时养成良好的程序设计习惯。

本书共分为12章，其中第1、2章和附录由杨冬芹编写，第3、4章由刘磊编写，第5章由梁兴波编写，第6、7章由李浩编写，第8章由周玫编写，第9、10章由陈长印编写，第11、12章由刘英晖编写，李浩负责全书的规划与统稿。

由于时间仓促，加上作者水平有限，书中的错误在所难免，敬请广大读者和各位同仁批评指正。

编　者

2016年5月

目　录

第 1 章　C 语言概述

自计算机诞生以来，经过半个多世纪的发展，人们对于用计算机去处理各种问题已经习以为常了。计算机之所以能够自动地按照一定的步骤来处理问题，是因为计算机是在程序的控制下进行工作的，程序是计算机处理对象和计算规则的描述。本章首先介绍算法和程序的概念以及程序设计的一般过程，然后介绍 C 语言的特点、C 语言程序的结构，其次介绍 Turbo C 2.0 集成环境下的上机操作过程。学习本章的目的是使读者对 C 语言和程序设计有一个概略的了解，并掌握上机运行简单程序的操作步骤。

1.1　算法与程序

1.1.1　算　法

算法是在有限步骤内求解某一问题所使用的一组定义明确的规则。通俗点说，就是计算机解题的过程。在这个过程中，无论是形成解题思路还是编写程序，都是在实施某种算法。前者是推理实现的算法，后者是操作实现的算法。请看以下几个例子：

【例 1-1】 计算 1＋2＋3＋…＋100，可采取以下两种算法当中的一种：

算法一：可以设两个变量(变量是指其值可以改变的量)，一个变量代表和(s)，一个变量代表加数(i)，用循环算法表示如下：

第一步：0⇒s，1⇒i；

第二步：s＋i⇒s；

第三步：i＋1⇒i；

第四步：如果 i≤100，转第二步；否则，转第五步；

第五步：输出结果 s，结束。

算法二：只有两步：

第一步：100×101/2⇒s；

第二步：输出 s，结束。

【例 1-2】 判断一个大于等于 3 的正整数是不是素数。

所谓素数是指除了 1 和该数本身之外，不能被其他任何整数整除的数，例如 17 是素数，因为它不能被 2，3，4，…，15，16 整除。

因此，判断素数的方法很简单，例如判断 n(n≥3)是不是素数，只需将 n 作为被除数，将 2 到(n－1)各个整数轮流作除数，作除法运算，如果都不能被整除(余数不为 0)，则 n 是素数。算法表示如下：

第一步：输入 n 的值；

第二步：i 作除数，2⇒i；

第三步：n除以i，得余数r；

第四步：如果r=0，表示n能被i整除，则打印n不是素数，转第七步；否则执行第五步；

第五步：i+1⇒i；

第六步：如果i≤n-1，返回第三步；否则打印n是素数，转第七步；

第七步：结束。

分析以上例题我们可以总结出算法具有的5个重要特征：

(1)有穷性：一个算法必须保证执行有限步之后结束；

(2)确切性：算法的每一步骤必须有确切的定义；

(3)输入：一个算法有0个或多个输入，以刻画运算对象的初始情况，所谓0个输入是指算法本身定出了初始条件；

(4)输出：一个算法有一个或多个输出，以反映对输入数据加工后的结果。没有输出的算法是毫无意义的；

(5)可行性：算法原则上能够精确地运行，而且人们用笔和纸做有限次运算后即可完成。

注意：算法有优劣之分，一般希望用简单的和运算步骤少的算法。因此，为了有效地进行解题，不仅要保证算法正确，还要考虑算法的质量，选择合适的算法。

1.1.2 程　序

用计算机语言描述的算法称为计算机程序，或简称程序。只有用计算机语言描述的算法才能在计算机上执行。也就是说只有计算机程序才能在计算机上执行。人们编写程序之前，为了直观或符合人类思维方式，常常先用其他方式描述算法（比如程序流程图、盒图（NS图）、问题分析图（PAD图）、伪代码和自然语言），然后再翻译成计算机程序。

一个程序应包括对数据的描述和对数据处理的描述。

(1)对数据的描述，即数据结构。数据结构是计算机学科的核心课程之一，有许多专门著作论述，本课程就不再赘述。在C语言中，系统提供的数据结构，是以数据类型的形式出现的。

(2)对数据处理的描述，即计算机算法。算法是为解决一个问题而采取的方法和步骤，是程序的灵魂。为此，著名计算机科学家沃思(Nikiklaus Wirth)提出一个公式：

数据结构+算法=程序

实际上，一个程序除了数据结构和算法外，还必须使用一种计算机语言，并采用结构化方法来表示。

1.1.3 程序设计语言

人和计算机通信需要通过计算机语言。计算机语言是面向计算机的人造语言，是进行程序设计的工具，因此也称程序设计语言。程序设计语言可以分为机器语言、汇编语言、高级语言。高级语言种类繁多，曾经引起广泛关注和使用的高级语言有FORTRAN、BASIC、Pascal和C等过程式语言；有当前流行的面向对象的程序设计语言，例如C++、Java、Visual C＋＋、Visual Basic、Delphi、PowerBuilder 等。

计算机硬件能直接执行的是机器语言程序。汇编语言也称符号语言，用汇编语言编写的程序称汇编语言程序。计算机硬件不能识别和直接运行汇编语言程序，必须由“汇编程序”将其翻译成机器语言程序后才能识别和运行。同样，高级语言程序也不能被计算机硬件直接识别和执行，必须把高级语言程序翻译成机器语言程序才能执行。语言处理程序就是完成这个翻译过程的，按照处理方式的不同，可以分为解释型程序和编译型程序两大类。C 语言采用编译程序，即把用 C 语言写的“源程序”编译成“目标程序”，再通过连接程序的连接，生成“可执行程序”才能运行。

1.1.4　程序设计的一般过程

什么是程序设计呢？在日常生活中我们可以看到，同一台计算机，有时可以画图，有时可以制表，有时可以玩游戏，诸如此类，不一而举。也就是说，尽管计算机本身只是一种现代化方式批量生产出来的通用机器，但是，只要使用不同的程序，计算机就可以处理不同的问题。今天，计算机之所以能够产生如此之大的影响，其原因不仅在于人们发明了机器本身，更重要的是人们为计算机开发出了不计其数的能够指挥计算机完成各种各样工作的程序。正是这些功能丰富的程序给了计算机无尽的生命力，它们正是程序设计工作的结晶。而程序设计就是用某种程序语言编写这些程序的过程。

那么，如何进行程序设计呢？如图 1－1 所示，一个简单的程序设计一般包含以下四个步骤：

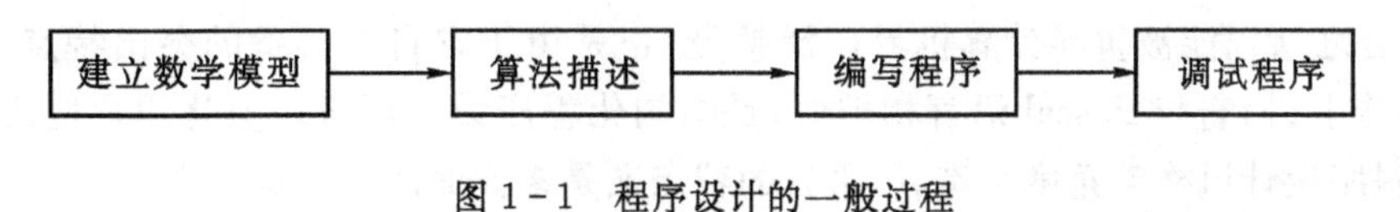

图 1－1　程序设计的一般过程

(1)分析问题，建立数学模型。使用计算机解决具体问题时，首先要对问题进行充分地分析，确定问题是什么，解决问题的步骤又是什么。针对所要解决的问题，找出已知的数据和条件，确定所需的输入、处理及输出对象。将解题过程归纳为一系列的数学表达式，建立各种量之间的关系，即建立起解决问题的数学模型。需要注意的是，有许多问题的数学模型是显然的或者简单的，以致于我们没有感觉到需要模型。但是有更多的问题需要靠分析问题来构造计算模型，模型的好与坏，对与错，在很大程度上决定了程序的正确性和复杂程度。

(2)确定数据结构和算法。根据建立的数学模型，对指定的输入数据和预期的输出结果，确定存放数据的数据结构。针对所建立的数学模型和确定的数据结构，选择合适的算法加以实现。注意，这里所说的“算法”泛指解决某一问题的方法和步骤，而不仅仅是指“计算”。关于算法的概念将在下一节中介绍。

(3)编写程序。根据确定的数据结构和算法，用自己所使用的程序语言把这个解决方案严格地描述出来，也就是编写出程序代码。

(4)调试程序。在计算机上用实际的输入数据对编好的程序进行调试，分析所得到的运行结果，进行程序的测试和调整，直至获得预期的结果。

1.2　C语言的发展与特点

1.2.1　C语言的发展

在C语言诞生以前，系统软件主要是用汇编语言编写的。由于汇编语言是机器语言，造成其可读性和可移植性都很差，而一般的高级语言很难实现对计算机硬件的直接操作，所以就很需要一种兼有汇编语言和高级语言特性的新语言。C语言就是在这种背景下应运而生的。

C语言是国际上广泛流行的计算机高级程序设计语言，它是1973年由美国贝尔实验室设计发布的。由于C语言既是一个非常成功的系统描述语言，又是一个相当有效的通用程序设计语言，所以，从C语言诞生至今虽然历史不长，但其发展速度和应用范围却是任何一种程序设计语言所无法比拟的。作为现代计算机语言的代表之一，C语言展现出强大的生命力。

目前，在微机上广泛使用的C语言编译系统有Microsoft C、Turbo C 、Borland C等。虽然它们的基本部分都是相同的，但还是有一些差异，所以请大家注意自己所使用的C编译系统的特点和规定(参阅相应的手册)。本书选定的上机环境是Tubro C 2.0系统。

1.2.2　C语言的特点

C语言之所以能被世界计算机界广泛接受，正是由于它自身具备的突出特点。从语言体系和结构上讲，它与Pascal语言相类似，是结构化程序设计语言。但从用户应用、实现难易程度、程序设计风格等角度来看，C语言的特点又是多方面的。

(1)适应性强。它能适应从8位微型机到巨型机的所有机种。

(2)应用范围广。它可用于系统软件到涉及各个领域的应用软件。

(3)语言本身简洁，使用灵活，便于学习和应用。在源程序表示方法上，与其它语言相比，一般功能上等价的语句，C语言的书写形式更为直观、精练。

(4)语言的表达能力强。C是面向结构化程序设计的语言，通用直观；运算符达30种，涉及的范围广，功能强。可直接处理字符，访问内存物理地址，进行位操作，也可以直接对计算机硬件进行操作。它反映了计算机的自身性能，足以取代汇编语言来编写各种系统软件和应用软件。鉴于C语言兼有高级语言和汇编语言的特点，也可称其为“中级语言”。

(5)数据结构系统化。C具有现代化语言的各种数据结构，且具有数据类型的构造能力，因此，便于实现各种复杂的数据结构的运算。

(6)控制流程结构化。C提供了功能很强的各种控制语句(如if、while、for、switch等语句)，并以函数作为主要结构成份，便于程序模块化，符合现代程序设计风格。

(7)运行程序质量高，程序运行效率高。试验表明，C源程序生成的运行程序的效率仅比汇编程序的效率低10%～20%，但C语言编程速度快，程序可读性好，易于调试、修改和移植，这些优点是汇编语言所无法比拟的。

(8)可移植性好。统计资料表明，C编译程序80%以上的代码是公共的，因此稍加修改就能移植到各种不同型号的计算机上。

C 语言存在的不足之处是：运算符和运算优先级过多，不便于记忆；语法定义不严格，编程自由度大，编译程序查错纠错能力所限，对不熟练的程序员带来一定困难；C 语言的理论研究及标准化工作也有待推进和完善。为此，C 语言对程序设计人员的素质要求相对要高。

总之，由于 C 语言的上述特点，使得 C 语言越来越受到广泛的重视。

在 C 语言的基础上，1983 年贝尔实验室又推出了 C＋＋语言。C＋＋语言进一步扩充和完善了 C 语言，成为一种面向对象的程序设计语言。

1.3　C 语言程序的结构和组成

1.3.1　C 语言程序的总体结构

用 C 语言语句编写的程序称为 C 程序或 C 源程序。我们先通过两个简单的 C 程序实例，介绍 C 程序的基本组成和总体结构，使大家对 C 语言和 C 程序的特性有初步的了解。

【例 1 - 3】 在屏幕上显示“How are you!”

程序如下：

```
/* This is a HELLO C program. */
main ()
{
printf("====================\n");
printf("How are you! \n ");
printf("====================\n");
}
```

程序执行结果如下：

```
====================
How are you!
====================
```

程序第一行用一对“/*”和“*/”之间括起来的内容是程序的注释部分，它描述的是程序流程图中注释框中的内容。注释仅仅是为程序设计人员及程序使用者方便理解程序而附加在程序中的说明信息，对程序的运行功能是不起作用的。程序第二行是 C 程序的主函数，main 为主函数名。main 后的“()”是函数的参数部分，括号内可为空，但括号不能省。程序第三行和第七行对应一对花括号“{}”，花括号内语句的集合构成函数体，它说明 main 函数干什么。本例中的函数体由三个语句组成，每个语句都以分号结尾。其中 printf 是 C 语言提供的标准输出库函数，它的作用是将双引号内的字符串原样输出，“\n”是换行控制符。花括号表示函数体的开始和结束，是 C 程序不可少的重要组成部分。

【例 1 - 4】 编程序，要求完成以下功能：首先在屏幕上输出英文提示“Please enter a number:”，然后等待用户输入一个数，当用户输入一个数并按回车键后，计算机计算出以此数为半径的圆的面积，并在屏幕上输出“The area is N”。“N”表示对应的圆面积值。

程序如下：

```
#definePI 3.1416
area(float r)                          /*求面积的函数开始*/
{
float a;                               /*定义实型变量a*/
  a=PI*r*r;                            /*计算面积并赋给变量a*/
  printf("The area is %f",a);          /*输出结果*/
}
main()                                 /*主函数开始*/
    {
       float r;                        /*定义实型变量r*/
       printf("Please enter a number:");  /*输出提示信息*/
       scanf("%f",&r);                 /*等待输入数给r*/
       area(r);                        /*调用函数area()*/
}
```

程序运行结果如下：

```
Please enter a number:
3↙("↙"表示按回车键,下划线表示用户输入)
The area is 28.274401
```

任何一个C程序都是由一个或多个函数构成的，一个C程序中至少必须存在一个主函数main()，它是程序运行开始时被调用的一个函数。也就是说程序总是从主函数开始执行而不管其处于该程序的什么位置上，如本例，在程序开始执行时，先执行主函数main()，而直到主函数体中的最后一个语句"area(r)"时才会调用自定义函数area()。C语言程序的一般形式如图1-2所示。其中f1至fn代表用户定义的函数。

```
预处理命令和全局性的声明
main()
{局部变量声明
 语句序列
}
f1()
{局部变量声明
 语句序列
}
f2()
{局部变量声明
 语句序列
}
……
fn()
{局部变量声明
 语句序列
}
```

图1-2

由此可见,一个完整的C程序应符合以下几点:

(1)C程序是以函数为基本单位,整个程序由函数组成。其中主函数是一个特殊的函数,一个完整的C程序至少要有一个且仅有一个主函数,它是程序启动时的唯一入口。除主函数外,C程序还可包含若干其它C标准库函数和用户自定义的函数。这种函数结构的特点使C语言便于实现模块化的程序结构。

(2)函数是由函数说明和函数体两部分组成。函数说明部分包括对函数名、函数类型、形式参数等的定义和说明;函数体包括对变量的定义和执行程序两部分,由一系列语句和注释组成。整个函数体由一对花括号括起来。

(3)语句是由一些基本字符和定义符按照C语言的语法规定组成的,每个语句以分号结束。

(4)C程序的书写格式是自由的。一个语句可写在一行上,也可分写在多行内;一行内可以写一个语句,也可写多个语句;注释内容可以单独写在一行上,也可以写在C语句的右面。

1.3.2 语言的基本组成

任何程序设计语言如同自然语言一样,都具有一套对字符、单词及一些特定符号的使用规定,也有对语句、语法等方面的使用规则。在C语言中,所涉及到的规定很多,其中主要有:基本字符集、标识符、关键字、语句和标准库函数等。这些规定构成了C程序的最小语法单位。例如,例1-4中的#define PI 3.1416是宏定义,a、r是标识符,float是关键字,scanf和printf是标准库函数等,这些都是由C语言规定的基本字符组成。

1. 基本字符集

一个C程序是C语言基本字符构成的一个序列。C语言的基本字符集包括:

数字:0,1,2,3,4,5,6,7,8,9

字母:A,B,C,…,Z,a,b,c,…,z

(注意:字母的大小写是可区分的。如:abc与ABC是不同的)

运算符:+,-,*,/,%,=,<,>,<=,>=,!=,==,<<,>>,&,|,&&,||,^,~,(,),[,],->,.,!,?,:,,,;

特殊符号和不可显示字符:_(连字符或下划线)、空格、换行、制表符。

对初学者来说,书写程序要从一开始就养成良好的习惯,力求字符准确、工整、清晰,尤其要注意区分一些字形上容易混淆的字符,避免给程序的阅读、录入和调试工作带来不必要的麻烦。

2. 标识符

在程序中有许多需要命名的对象,以便在程序的其它地方使用。如何表示在一些不同地方使用的同一个对象?最基本的方式就是为对象命名,通过名字在程序中建立定义与使用的关系,建立不同使用之间的关系。为此,每种程序语言都规定了在程序里描述名字的规则,这些名字包括:变量名、常数名、数组名、函数名、文件名、类型名等,通常被统称为“标识符”。

C 语言规定,标识符由字母、数字或下划线"_"组成,它的第一个字符必须是字母或下划线。这里要说明的是,为了标识符构造和阅读的方便,C 语言把下划线作为一个特殊使用,它可以出现在标识符字符序列里的任何地方,特别是它可以作为标识符的第一个字符出现。C 语言还规定,标识符中同一个字母的大写与小写被看作是不同的字符。这样,a 和 A,AB、Ab 是互不相同的标识符。下面是合法的和不合法的两组 C 标识符:

合法的 C 标识	不合法的 C 标识符	说明
call_name	call...name	(非字母数字或下划线组成的字符序列)
test39	39test	(非字母或下划线开头的字符序列)
_string1	—string1	(非字母或下划线开头的字符序列)

在 C 程序中,标识符的使用很多,使用时要注意语言规则。在例 1—4 的程序中,a、r 就是变量名,main 和 area 是函数名,它们都是符合 C 语言规定的标识符。ANSI C 标准规定标识符的长度可达 31 个字符,但一般系统使用的标识符,其有效长度不超过 8 个字符。

3. 关键字

C 语言有一些具有特定含义的关键字,用作专用的定义符。这些特定的关键字不允许用户作为自定义的标识符使用。C 语言关键字绝大多数是由小写字母构成的字符序列,它们是:

auto	break	case	char	const	continue	default
do	double	else	enum	extern	float	for
goto	if	int	long	register	return	short
signed	sizeof	static	struct	switch	typedef	union
unsigned	void	volatile	while			

4. 语句

语句是组成程序的基本单位,它能完成特定操作,语句的有机组合能实现指定的计算处理功能。所有程序设计语言都提供了满足编写程序要求的一系列语句,它们都有确定的形式和功能。C 语言中的语句有以下几类:

选择语句 if,switch

流程控制语句 循环语句 for,while,do_while

转移语句 break,continue,return,goto

C 语句

表达式语句

复合语句

空语句

这些语句的形式和使用见后续相关章节。

5. 标准库函数

标准库函数不是C语言本身的组成部分，它是由C编译系统提供的一些非常有用的功能函数。例如，C语言没有输入/输出语句，也没有直接处理字符串的语句，而一般的C编译系统都提供了完成这些功能的函数，称为标准库函数。Turbo C 2.0编译系统提供了四百多个库函数，常用的有数学函数、字符函数和字符串函数、输入输出函数、动态分配函数和随机函数等几个大类。

在C语言处理系统中，标准库函数存放在不同的头文件（也称标题文件）中，例如，输入/输出一个字符的函数getchar和putchar、有格式的输入/输出函数printf和scanf等就存放在标准输入输出头文件stdio.h中，求绝对值函数和三角函数等各种数学函数存放在标准输入输出头文件math.h中。这些头文件中存放了关于这些函数的说明、类型和宏定义，而对应的子程序则存放在运行库(.lib)中。使用时只要把头文件包含在用户程序中，就可以直接调用相应的库函数了。即在程序开始部分用如下形式：

＃include ＜头文件名＞或＃include“头文件名”

标准库函数是语言处理系统中一种重要的软件资源，在程序设计中充分利用这些函数，常常会收到事半功倍的效果。所以，读者在学习C语言本身的同时，应逐步了解和掌握标准库中各种常用函数的功能和用法，避免自行重复编制这些函数。

1.4 语言的上机执行过程

编写出C程序仅仅是程序设计工作中的一个环节，写出来的程序需要在计算机上进行调试运行，直到得到正确的运行结果为止。

1.4.1 C程序编译过程

使用C语言直接编写的源程序，称为C源程序。C源程序文件是一个文本文件，任何一种文本编辑器都可以编辑它。C源程序文件默认扩展名为“.c”。C源程序是不能直接执行的。

C源程序必须首先经过编译，编译过程由C语言编译程序完成。编译时，编译程序首先对源程序中的每一条语句检查语法错误，当发现错误时，显示错误信息及错误位置，提示用户进行修改。修改完成后，再进行编译，如此反复修改、编译，直至排除所有的语法错误。编译成功，得到一个扩展名为“.obj”的目标文件。

编译后产生的目标文件是可重定位的程序模块，不能直接运行，还需要进行连接。连接是由连接程序将“.obj”文件与C语言提供的各种库函数连接起来生成一个扩展名为“.exe”的可执行文件。该.exe文件可以脱离C编译系统直接运行。

由C源程序转换成可执行程序的过程如图1-3所示。

用户
编写
源程序
编译
目标程序
连接
可执行程序
C语言函数库

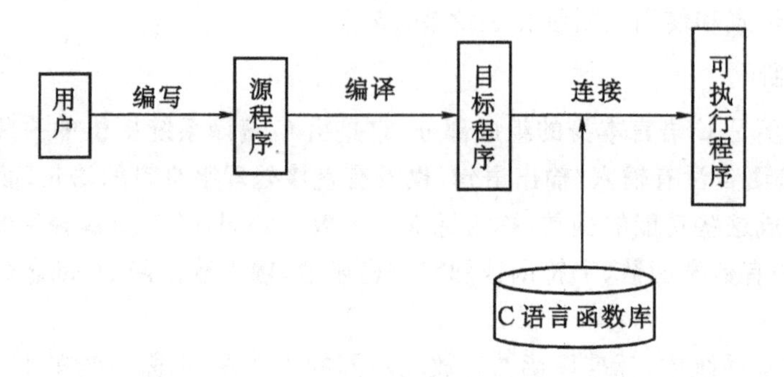

图 1-3

1.4.2 C程序开发过程

开发 C 程序的的过程一般如图 1-4 所示。

启动 TC
编辑 C 程序
编译
连接
运行并查看结果
结束
有错
有错
有错

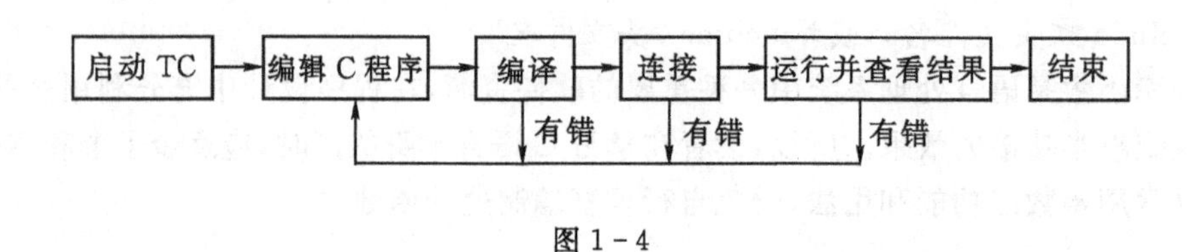

图 1-4

(1)启动 TC 系统(即 C 编译系统),进入 TC 的集成环境,如图 1-5 所示。

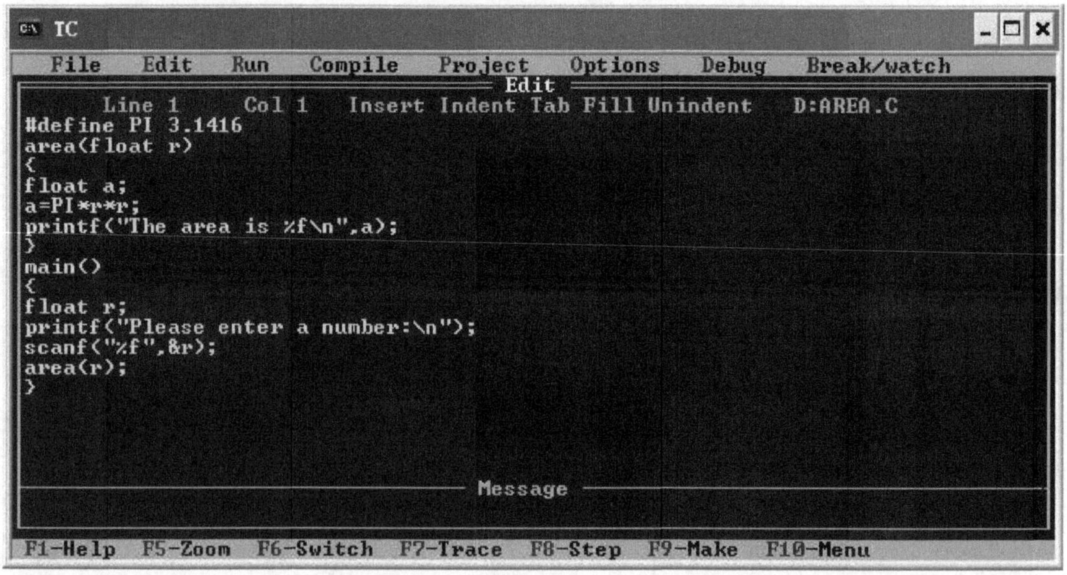

TC
File Edit Run Compile Project Options Debug Break/watch
Edit
Line 1 Col 1 Insert Indent Tab Fill Unindent D:AREA.C
#define PI 3.1416
area(float r)
{
float a;
a=PI*r*r;
printf("The area is %f\n",a);
}
main()
{
float r;
printf("Please enter a number:\n");
scanf("%f",&r);
area(r);
}
Message
F1-Help F5-Zoom F6-Switch F7-Trace F8-Step F9-Make F10-Menu

图 1-5

由图 1-5 可见,Turbo C 2.0 的主屏幕分为四部分:

主菜单:屏幕顶行是主菜单,主菜单共有八项,分别表示文件操作、编辑、运行、编译、项目文件、选项、调试、中断/观察等功能。其中,除了 Edit 之外,其他每个主菜单项都有一个下拉式子菜单。Turbo C 2.0 提供的全部功能均可通过菜单选择完成操作。

编辑窗口：屏幕中间部分是编辑窗口，对源程序的所有编辑工作都在这个区域进行。编辑窗口的顶行是编辑状态提示行，指明了当前程序的编辑状态。编辑状态行内容及表示的意义如图 1-6 所示。

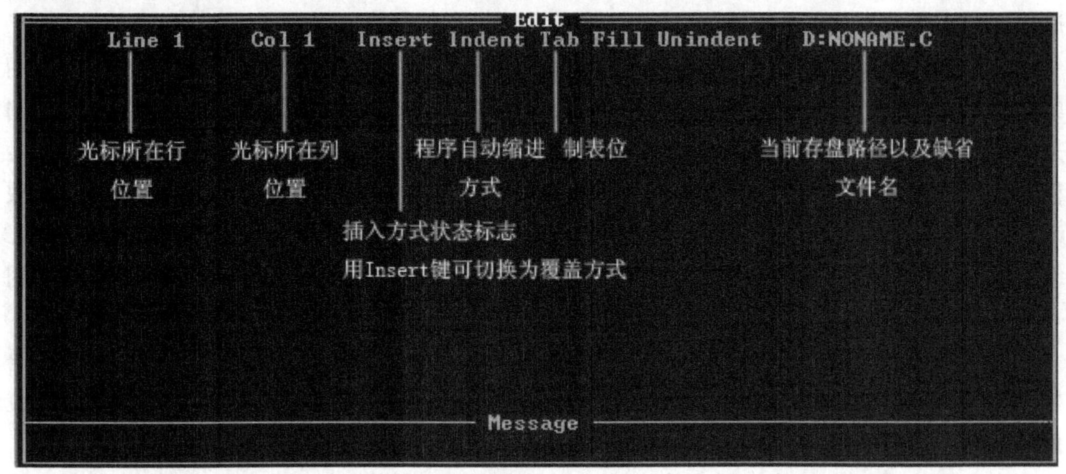

图 1-6

信息窗口：在对程序进行编译连接时，专门用于显示错误信息和警告信息。在调试程序时，作为监视窗口可显示表达式和变量的当前值。

功能键提示行：屏幕最底行是功能键提示行，说明在 Turbo C 2.0 集成开发环境下常用的七个功能热键的含义。

(2)编辑 C 源程序。利用 TC 提供的编辑器编写 C 源程序，将其保存在以“.c”为扩展名的文件中。

(3)编译。当新文件建立或调入已有文件后，选择主菜单项 Compile 下的子菜单项 Compile to OBJ 即可进行编译。如果程序有错，编译系统会给出编译结果报告，并将警告和错误信息(包括错误说明及位置)显示在信息窗中，并将错误所在的程序行反白显示，自动进入编辑状态。用户只要按一下回车键，就可对出错程序进行编辑修改。如果编译成功，则可以进行下一步操作，否则返回第二步修改源程序，修改完成后，重新进行编译即可。直至当编译结果报告错误为 0 时，表示编译通过，即可得到扩展名为“.obj”的目标文件。

(4)连接。选择主菜单项 Compile 下的子菜单项 Link EXE file，即可对所得到的目标文件进行连接操作，连接完成后系统报告连接通过信息，表示连接成功，得到扩展名为“.exe”的可执行文件。

(5)运行。选择主菜单项 Run 下的子菜单项 Run，即可运行连接后的.EXE 文件。运行文件时，系统自动切换到用户屏幕，用户在此将数据输入给程序，程序将运行结果也显示在用户屏幕。用 Alt+f5 键可切换到用户窗口，以便用户查看程序运行结果。

(6)若执行结果正确，则可退出 TC 集成环境，结束本次程序开发。

1.5 本章小结

本章介绍的基本内容有:算法与程序的概念,C语言的发展、特点,C程序的基本结构,C语言的基本组成以及C程序的上机执行过程。

C语言是功能强大计算机高级语言,它既适合于作为系统描述语言,又适合于作为通用的程序设计语言。任何计算机语言都有一系列的语言规定和语法规则,C语言的基本规则是:有自己规定的基本字符集、标识符、关键字、语句和标准库函数等;C程序的基本结构是:程序由函数组成,函数由语句组成。一个完整的C程序至少要有一个且仅有一个主函数main,可以有若干个子函数,也可以没有子函数。这些子函数有用户自定义的函数,也有C编译系统提供的标准库函数。每个函数都由函数说明和函数体两部分组成,函数体必须用一对花括号括起来。

语句是组成程序的基本单位,C语言中包含了四种基本语句:流程控制语句、表达式语句、复合语句和空语句,它们完成各自特定的操作。C程序中的每个语句都由分号作为结束标志。

在C程序中标识符的使用有其严格的规定,这些规定没有多少道理,所以几乎没有理解问题,只需要记忆。

一个C源程序需要经过编辑、编译和连接后才可运行,对C源程序编译后生成目标文件(.obj),对目标文件和库文件连接后生成可执行文件(.exe)。程序的运行是对可执行文件而言的。所以程序的开发需要语言处理系统的支持,选择一个功能强的语言处理系统可以使程序的开发工作事半功倍。

第 2 章　数据类型与运算规则

数据是程序不可或缺的组成部分，程序处理的对象是数据，编写程序也就是描述对数据的处理过程。C 语言中规定：任何一个变量和数据都必须遵从“先定义，后使用”的规则，也就是说在程序中出现的任何一个变量和数据都必须先定义它的数据类型，然后才能使用。本章将介绍 C 语言中与数据描述有关的问题，包括数据与数据类型、常量和变量等。然后介绍 C 语言对数据运算的有关规则，包括运算类型、运算符和表达式等。

2.1　C 语言中的标志符

2.1.1　标志符的概念

如第 1 章所述，C 程序的基本组成单位是函数，函数由语句构成，语句由一个个单词构成。C 语言中的单词有标志符、运算符、分隔符和常量。同时，计算机程序处理的对象是数据，编写程序也就是描述对数据的处理过程，为了使用方便，每种程序语言都规定了在程序里如何去描述数据的名字，这种名字通常被称为“标志符”。

简单的说，标志符就是一个名字，像后面会介绍到的变量名、符号常量名、数组名、标号、函数名、结构体类型名、文件名和其他各种用户自定义的对象名都是标志符。

C 语言中标志符的组成：

- 26 个英文字母，包括大小写；
- 阿拉伯数字 0，1，2，…，9；
- 下划线。

C 语言中标志符的命名规则：

- 标志符只能由字母、数字和下划线构成，并且第一个字符不能为数字。
- 标志符的长度不能超过 8 个字符，如果超过 8 个字符，多余的字符将不能被识别。例如，computer1 和 computer2 会被认为是相同的标志符 computer。

下面的标志符是合法的：

Year，YEAR，name，user_name，arr1，a_1，_temp，_123。

下面是不合法的标志符：

123a，B. a，a－1，a＋b，B&C，good bye。

注意：在 C 语言中，大小写字母有不同的含义，例如：temp，TEMP，Temp 为三个不同的标志符。

在构造标志符时，应尽量做到“见名知意”，即选择有含义的英文单词(或汉语拼音)来作标志符，增加程序的可读性。比如，表示日期可以用 date，表示宽度可用 width，表示和可以用 sum 等。

2.1.2　标志符的分类

C语言中的标志符可以分为3类:关键字、预定义标志符和用户自定义标志符。

(1)关键字。关键字也称保留字,在系统中具有特殊用途,不能作为一般标志符使用,如用于定义单精度型的float,就不能再用作变量名。C语言中的关键字总共有32个,下面列出了全部的关键字,这些关键字的含义我们会在以后的学习中作逐一讲解。

auto	break	case	char	const	continue	default
do	double	else	enum	extern	float	for
goto	if	int	long	register	return	short
signed	sizeof	static	struct	switch	typedef	union
unsigned	void	volatile	while			

(2)预定义标志符。预定义标志符在C语言中也有着特定的含义。预定义标志符包括库函数名、编译预处理命令等。C编译系统允许用户把这类标志符另作他用,但这样会使这些标志符失去系统规定的功能与作用。所以,建议同学们不要将预定义标志符另作它用。

(3)用户自定义标志符。用户根据自身需要而自己定义的标志符称为用户自定义标志符。用户自定义标志符一般用来给变量、函数、数组或文件等命名。命名用户自定义标志符时,要注意构造标志符的一些规则,这些我们已经在前面介绍过了。

2.2　C语言的数据类型

C语言提供有丰富的数据类型,用C语言的数据类型能实现各种复杂的数据结构和运算。在第一章我们提到过"程序=算法+数据结构",由此可见选用合理的数据结构对于编写程序重要性,比如我们要求一个圆的面积,首先就要确定圆的半径,充分考虑到实际情况,将半径取为整型肯定不合适,所以在程序中选择了实型。

在C语言中,数据结构是以数据类型的形式出现的。数据类型是数据自身的一种属性,它关系到数据的取值范围、在计算机中如何存储等。图2-1所示为C语言各种数据类型及其之间的关系。

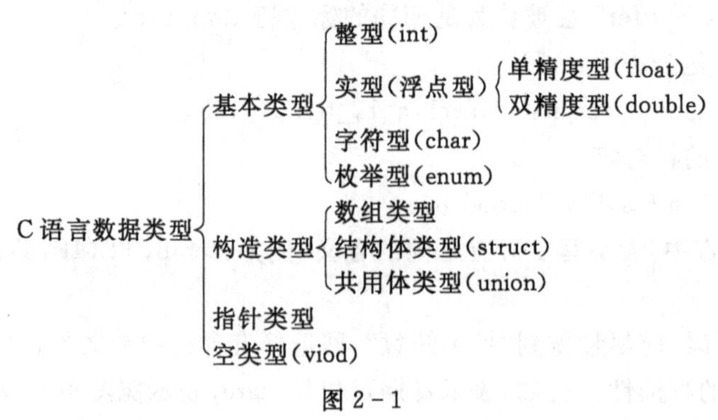

图2-1

C 的基本数据类型包括:整型、单精度型、双精度型、字符型和枚举型,其中枚举属于整型的一种特例,我们会在后面的章节中介绍,这里我们只讨论前 4 种。不同的数据类型有着不同的数据范围,在计算机中存储时占用不同大小的内存空间,数据类型在内存中占用内存区域的字节数称为这种数据类型的长度。

基本类型是用户最常用也是最为熟悉的数据类型,下面我们就具体讨论 C 语言中的基本数据类型,它们定义的关键字分别为 int、float、double、char,除了这四种基本数据类型关键字外,还有一些数据类型修饰符,用来扩充基本类型的意义,使之有更为广泛的用途。修饰符有:long、short、signed、unsigned。这些修饰符与基本数据类型的关键字组合,可以表示不同的数值范围,以及数据所占内存空间的大小。

数的表示范围与所用的具体编译系统有关。本书以 TurboC 2.0 作为集成的开发环境,TurboC 2.0 是一个 16 位的软件系统。表 2－1 给出 16 位系统下的 C 语言基本数据类型的长度及数据的取值范围。

表 2－1　基本数据类型长度及数据的取值范围

基本数据类型		全称类型说明	占用字节	取值范围	备注
整型	基本整型	int	2	－32768～32767	$-2^{15}\sim(2^{15}-1)$
	有符号整型	signed int	2	－32768～32767	$-2^{15}\sim(2^{15}-1)$
	短整型	short int	2	－32768～32767	$-2^{15}\sim(2^{15}-1)$
	有符号短整型	signed short int	2	－32768～32767	$-2^{15}\sim(2^{15}-1)$
	长整型	long int	4	－2147483648～2147483647	$-2^{31}\sim(2^{31}-1)$
	有符号长整型	signed long int	4	－2147483648～2147483647	$-2^{31}\sim(2^{31}-1)$
	无符号基本整型	unsigned int	2	0～65535	$0\sim(2^{16}-1)$
	无符号短整型	unsigned short	2	0～65535	$0\sim(2^{16}-1)$
	无符号长整型	unsigned long	4	0～4294967295	$0\sim(2^{32}-1)$
实型	单精度型	float	4	$-3.4\times10^{38}\sim3.4\times10^{38}$	7 位有效位
	双精度型	double	8	$-1.7\times10^{308}\sim1.7\times10^{308}$	15 位有效位
	长双精度型	long double	10	$-3.4\times10^{4932}\sim3.4\times10^{4932}$	19 位有效位
字符型	无符号字符型	unsigned char	1	0～255	$0\sim(2^{8}-1)$
	有符号字符型	signed char	1	－128～127	$-2^{7}\sim(2^{7}-1)$

1. 整型

(1)int。用两个字节来表示,即该类型数据在内存中占用两个字节(16 位)的空间。最高位为符号 位,其余用于表示数值。在 16 位软件中,其表示范围为 $-2^{15}\sim(2^{15}-1)$,即－

32768～32767。

(2)short int。用16位来表示。在16位软件中,与int表示的意义相同。short int可以简写为short。

(3)long int。用四个字节来表示。最高位用于表示符号位,其余用于表示数值位。在16位软件中,其表示范围$-2^{31}\sim(2^{31}-1)$,即$-2147483648\sim2147483647$。long int可以简写为long。

(4)unsigned int。与int类似,不同的是所有的位均用于表示数值位。在16位软件中,表示范围为$0\sim(2^{16}-1)$即0～65535。unsigned int可简写为unsigned。

(5)unsigned short int。用16位表示的无符号整数,在16位软件中与unsigned int意义相同。unsigned short int可简写为unsigned int。

(6)unsigned long int。用四个字节来表示。所有位全都用于表示数值位。在16位软件中,其表示范围为$0\sim2^{32}-1$,即0～4294967295。unsigned long int可以简写为unsigned long。

2. 实型

(1)float。用4个字节表示一个实数,在Turbo C 2.0中单精度实数的取值范围约在$-10^{38}\sim10^{38}$之间,并提供7位有效位。

(2)double。用8个字节表示一个实数,在Turbo C 2.0中双精度实数的取值分为约在$-10^{308}\sim10^{308}$之间,并提供15～16位有效位。

注意:在计算机的内存中可以精确的存放整数,不会有误差,但整数的范围太小,容易产生数据的溢出;而实型数据虽然范围很大,但不能做到在内存中精确存放,会有误差。

3. 字符型

系统用8位来表示一个字符,即用一个字节来存放一个字符的ASCII码,取值范围在0～255。且当数值在上述范围内时,C语言中的字符型与整型没有严格的区别。

2.3 常量与变量

C语言的基本数据类型包括整型数据、实型数据和字符型数据,这些不同类型的数据如何参与程序的运行,又该如何表示?下面我们就来对程序中的常量和变量进行一一介绍。

2.3.1 常　量

常量是指:在程序运行中,其值不能被改变的量。C语言中在基本数据类型中常量分为整型常量、实型常量、符号常量和字符型常量(包括字符常量和字符串常量)。如下图:

- 常量
  - 数值常量
    - 整型常量
    - 实型常量
  - 字符常量
    - 字符常量
    - 字符串常量

1. 整型常量

整型常量即为整型常数,有十进制、八进制和十六进制三种表现形式。

(1)八进制整型常量以 0 为前缀,后面由 0~7 八个数字组成,无小数部分。如 0234(相当于十进制中的 156),−046(相当于十进制中的−38)。

(2)十六进制整型常量以 0x 或 0X 为前缀,后面由 0~9 是个数字和 A~F(大小写均可)六个字母组成,无小数部分。如 0x456(相当于十进制中的 1110),0xA1B2(相当于十进制中的 41394)。

(3)十进制常量由 0~9 是个数字来表示,没有前缀,不能以 0 开始,无小数部分。如 123,−234,0 等。

一个整型常量如没有特别指明,系统会根据它所在的数据范围,默认它的数据类型。像整型常量中的长整型数据可用 L(或小写字母 l)为后缀来表示,如 2345L;整型常量中的无符号型数据可用 U(或小写字母 u)为后缀来表示,如 2345U;如果一个整型常量的后缀是 U(或 u)和 L(或 l),则表示为无符号长整型(unsigned long)常量。如 45678UL。

需要说明,一个整型常量的后面是否有后缀(如是否加有后缀 L),是有很大区别的。例如 0 和 0L,系统为前者分配 2 个字节的存储空间,为后者分配 5 个字节的存储空间。

2. 实型常量

实型常量是由整数部分和小数部分组成的,它只有十进制的两种表示方式。

(1)小数形式。它由数字和小数点组成。整数和小数部分可以省去一个,但不可两者都省略,且小数点是必需的。如 1.23,.123,123. 等。

(2)指数形式。又称为科学表示法。它是在小数形式后加 e(或 E)和数字来表示指数的。指数部分可正可负,但须为整数,且字母 e(或 E)的前后必须有数字。如 1.23e3 和 12.3e2 均合法的表示了 1.23×10^3。我们把 e 前面的称为尾数,后面的称为指数。

3. 符号常量

在 C 程序中,常量除了以自身的存在形式直接表示之外,还可以用标识符来表示常量。因为经常碰到这样的问题:常量本身是一个较长的字符序列,且在程序中重复出现,例如:取常数的值为 3.1415927,如果在程序中多处出现,直接使用 3.1415927 的表示形式,势必会使编程工作显得繁琐,而且,当需要把的值修改为 3.1415926536 时,就必须逐个查找并修改,这样会降低程序的可修改性和灵活性。因此,C 语言中提供了一种符号常量,即用指定的标识符来表示某个常量,在程序中需要使用该常量时就可直接引用标识符。

C 语言中用宏定义命令对符号常量进行定义,其定义形式如下:

```
#define 标识符 常量
```

其中 #define 是宏定义命令的专用定义符,标识符是对常量的命名,常量可以是前面介绍的几种类型常量中的任何一种。该使指定的标识符来代表指定的常量,这个被指定的标识符就称为符号常量。例如,在 C 程序中,要用 PAI 代表实型常量 3.1415927,用 W 代表字符串常量“Windows”,可用下面两个宏定义命令:

```
#define PAI 3.1415927
#define W "Windows"
```

宏定义的功能是:在编译预处理时,将程序中宏定义(关于编译预处理和宏定义的概念会在后续的章节中讲到)命令之后出现的所有符号常量用宏定义命令中对应的常量一一替代。例如，对于以上两个宏定义命令，编译程序时，编译系统首先将程序中除这两个宏定义命令之外的所有 PAI 替换为 3.1415927，所有 W 替换为 Windows。因此，符号常量通常也被称为宏替换名。

习惯上人们把符号常量名用大写字母表示，而把变量名用小写字母表示。例 2-1 是符号常量的一个简单的应用。其中，PI 为定义的符号常量，程序编译时，用 3.1416 替换所有的 PI。

【例 2-1】已知圆半径 r，求圆周长 c 和圆面积 s 的值。

```
#include "stdio.h"
#define PI 3.1416                /* 定义符号常量PI,表示3.1416 */
main()
{
int r;
floatc,s;
scanf("%d",&r);
c=2*PI*r;                        /* 编译时用3.1416替换PI */
s=PI*r*r;                        /* 编译时用3.1416替换PI */
printf("c=%6.2f,s=%6.2f\n",c,s);
}
```

注意：

(1)符号常量的名称必须符合标志符的命名规则。为区别于一般变量，符号常量常使用大写字母。

(2)#define 命令行后面不能加分号。

(3)符号常量也是常量，故在程序中不能再被赋值。

4. 字符型常量

字符型常量包括字符常量和字符串常量两种。

1)字符常量

用一对单引号' '引起来的单一字符称为字符常量。如'a'，'$'，'1'都是合法的字符常量。字符常量在内存中占一个字节，存放的是字符的 ASCII 码值，字符常量的值就是该字符的 ASCII 码值。如'a'的编码值是 97 而不是字母 a，'1'的编码值是 49 而不是数值 1。且 C 语言规定，所有单字符数据都可作为整型数据来处理，可以进行任何整型数据的运算。

除了以上形式的字符常量以外，C 语言还允许使用一种特殊形式的字符常量，即以反斜杠符(\)开头，后跟字符的字符序列，用来表示一个特定的 ASCII 字符，称之为转义字符常量。转义字符用来表示控制或不可见的字符，也必须用单引号引起来，它同样表示该转义字符的 ASCII 码值，表 2-2 给出了 C 语言中的常用转义字符。

表 2-2　常用转义字符

转移字符	意义	ASCII 码值
\a	响铃	0x07
\n	换行	0x0a
\t	横向跳格	0x09
\v	纵向跳格	0x0b
\b	退格(Backspace)	0x08
\r	回	车 0x0d
\f	换页(走纸)	0x0c
\0	空字符	0x00
\\	反斜杠	0x5c
\'	单引号	0x27
\"	双引号	0x22
\ddd	3 位八进制所代表的字符	
\xhh	2 位十六进制所代表的字符	

注意：

(1)转义字符在内存中占一个字节，表示一个字符。如：'\101'代表字符常量'A'。

(2)反斜杠后的八进制数可以不用 0 开头，如：'\65'与'\065'表示同一字符。

(3)反斜杠后的十六进制数只可以用小写字母 x 开头，不能用大写，也不能用 0x，如：'\x41'代表字符常量'A'。

2)字符串常量

字符串常量使用一对双引号""引起来的零个或多个字符的序列。例如：

```
"Hello"
"13579"
"99.99%"
""          /*引号中什么也没有(有零个字符)*/
"\n"        /*引号中有一个转义字符*/
```

在 C 语言中，系统会在每个字符串的最后自动加入一个字符'\0'作为字符串的结束标志。字符串在存储时，每个字符以及结束标志均占用一个字节。因此，长度为 n 个字符的字符串常量，在内存中要占用 n+1 个字节的空间。例如，'A'与"A"是不同的，前者为字符常量，占一个字节；后者为字符串常量，占用两个字节。它们在内存中的形式分别为：

'A'在内存中的形式：　　　　　　"A"在内存中的形式：

65

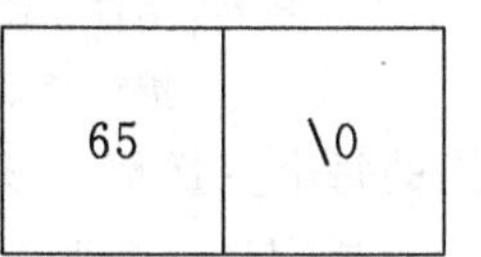

65是字符A的ASCII码值。在C语言中,没有专门的字符串变量,字符串常量如果需要存储在变量中,要用字符数组来解决。详细内容会在随后的章节中介绍。

【例2-2】计算字符'A'与整型数据25的和。

```
main()
{
char a;                   /* 说明a为字符型变量 */
int b;                    /* 说明b为整型变量 */
a='A';                    /* 为a赋字符常量'A' */
b=a+25;                   /* 计算65+25并赋值给字符变量b */
printf("%c,%d,%c,%d\n",a,a,b,b);    /* 分别以字符型和整型两种格式输出
                                        a、b */
}
```

程序运行的输出结果如下:

```
A,65,Z,90
```

上述程序中a变量的值是'A',实际存放的是'A'的ASCII码65,它可直接与十进制整型常量25相加,所得整型数据90赋值给变量b,而90是大写字符'Z'的ASCII码,所以可以将a、b变量分别以字符型和整型两种格式输出。可见字符型数据和整型数据是可以通用的。

2.3.2 变 量

程序在运行过程中使用常量以外,还必不可少地要从外部或内部接受数据存放起来,并将处理过程中产生的中间结果以及最终结果保存起来,因此,需要引入变量来存放其值可以改变的量。

变量是程序设计语言中一个重要概念,它是指在程序运行时其值可以改变的量。在C语言以及其他各种常规程序设计语言中,变量是表述数据存储的基本概念。我们知道,在计算机硬件的层次上,程序运行时数据的存储是靠内存储器、存储单元、存储地址等一系列相关机制实现,这些机制在程序语言中的反映就是变量的概念。变量有三个要素:

(1)变量名。每个变量都必须有一个名字,即变量名。变量名应遵循标志符的命名规则。

(2)变量值。在程序运行过程中,变量值存储在内存中;不同类型的变量,占用的内存单元(字节)数不同。在程序中,通过变量名来引用变量的值。

(3)变量的地址。变量在内存中存放其值的起始单元地址即为变量的地址。

C语言提供的变量类型有:

- 变量
  - 数字变量
    - 整型变量
    - 实型变量
  - 字符变量
  - 指针变量

C语言要求:程序里使用的每个变量都必须首先定义,也就是说,首先需要声明一个变量的存在,然后才能够使用它。要定义一个变量需要提供两方面的信息:变量的名字和它的

类型，其目的是由变量的类型决定变量的存储结构，以便使 C 语言的编译程序为所定义的变量分配存储空间。

变量定义的格式如下：

数据类型说明符 数据类型 变量名 1，变量名 2…；

例如：

```
int a,b,c           /* 定义 a,b,c 为整型变量 */
long x,y            /* 定义 m,n 为长整型变量 */
float f1,f2         /* 定义 f1,f2 为实型变量 */
char ch1,ch2        /* 定义 ch1,ch2 为字符型常量 */
```

在定义变量的同时，还可以给变量赋一个值，初始化变量，格式如下：

数据类型说明符 数据类型 变量名 1＝初值 1，变量名 2＝初值 2，…；

例如：

```
int a = 2
float b = 1.23,c
```

该语句定义了整型变量 a，初始化值为 2；同时还定义了实型变量 b，c，初始化了 b 的值为 1.23。

注意：

一个定义中可以说明多个变量。而且，由于 C 语言是自由格式语言，把多个变量说明写在同一行也是允许的。但是为了程序清晰，人们一般不采用这种写法，尤其是初学者。在 C 程序中，除了不能用关键字做变量名外，可以用任何标识符做变量名。但是，一般提倡用能说明变量用途的有意义的名字为变量命名，因为这样的名字对读程序的人有一定提示作用，有助于提高程序的可读性，尤其是当程序比较大，程序中的变量比较多时，这一点就显得尤其重要。这就是结构化程序设计所强调的编程风格问题。

2.4　运算符与表达式

前面介绍了各种数据类型，以及常量、变量的概念和定义，那么如何处理这些数据呢？可以用代表一定运算功能的运算符将运算对象连接起来。运算符：狭义的运算符是表示各种运算的符号。C 语言运算符丰富，范围很宽，把除了控制语句和输入/输出以外的几乎所有的基本操作都作为运算符处理，所以 C 语言运算符可以看作是操作符。C 语言丰富的运算符构成 C 语言丰富的表达式(是运算符就可以构成表达式)。运算符丰富，表达式丰富、灵活。在 C 语言中除了提供一般高级语言的算术运算符、关系运算符、逻辑运算符外，还提供赋值符运算符、位操作运算符、自增自减运算符等等。甚至数组下标，函数调用都作为运算符。

2.4.1　C 运算符简介

C 语言的运算符是非常丰富的，并且应用范围也十分广泛，可以按功能和运算对象的个数来对运算符分类。

1. 运算符按照其功能分类

(1)算术运算符	+ - * / % ++ --
(2)关系运算符	> >= < <= == !=
(3)逻辑运算符	! && ||
(4)位运算符	<< >> ~ | & ∧
(5)赋值运算符	=
(6)条件运算符	(? :)
(7)逗号运算符	,
(8)指针运算符	* &
(9)求字节数运算符	sizeof
(10)强制类型转换运算符	(类型标志符)
(11)分量运算符	. ->
(12)下标运算符	[]
(13)其他	如何函数调用运算符()

2. 运算符按其连接运算对象的个数分类

(1)单目运算符(一个运算符仅连接一个对象)

!、~、++、--、-(取负号)、(类型标志符)、*(取地址)、&、sizeof

(2)双目运算符(一个运算符连接两个对象)

+、-、*(乘运算)、/、%、<、<=、>、>=、==、!= 、<<、>>、&、∧、|

(3)三目运算符(一个运算符连接三个对象)

?:(条件运算符)

(4)其他

()、[]、.、->

3. 运算符的优先级及结合性

学习C的运算符,不仅要掌握各种运算符的功能和它们各自可连接的操作对象个数,还要了解各种运算符彼此间的优先级和结合性。

(1)优先级:当表达式中存在不同优先级的运算符参与操作时,总是先做优先级最高的操作,即优先级是用来标志运算符在表达式中的运算顺序的。

(2)结合性:当一个操作数两侧的运算符具有相同的优先级时,该操作数是先与左边的运算符结合,还是先与右边的运算符结合。自左至右的结合方向,称为左结合性。反之,称为右结合性。结合性是C语言的独有概念。除单目运算符、赋值运算符和条件运算符是右结合性外,其它运算符都是左结合性。

例如:

a+b*c:乘法优先级高于加法,所以该表达式先做b*c,然后再将其结果与a相加。

a+b-c:加法、减法优先级相同,该+、-的结合性从左向右运算。

最后,还要注意表达式与表达式语句的区别。表达式仅仅是用运算符将运算对象连接起来,表示一个运算过程的式子;而如果在表达式后加上分号“;”时,就构成了C语言可以执行的表达式语句。如 a=a+b 是一个表达式，而 a=a+b;为表达式语句。

2.4.2　算术运算符与算术表达式

1. 算术运算符

C 语言允许的算术运算符及其有关的说明见表 2-3。

表 2-3　算术运算符

运算符	含义	运算对象个数	结合方向	示例
+	加法运算或取正值运算	双目、单目运算符	从左到右	m+n, +9
-	减法运算或取负值运算	双目、单目运算符	从左到右	m-n, -9
*	乘法运算	双目运算符	从左到右	m*n
/	除法运算	双目运算符	从左到右	m/n
%	模运算(求余运算)	双目运算符	从左到右	13%7

其中需要说明的是：

(1)“+”、“-”运算符既具有单目运算的取正值运算和取负值的运算功能，又具有双目加(减)法的运算功能。作为单目运算符使用时其优先级别高于双目运算符。

(2)除法运算“/”在使用时要特别注意数据类型。因为两个整数(或字符)相除，其结果是整型。如果不能整除时，只取结果的整数部分，小数部分全部舍去。例如：

```
3/10 = 0
17/6 = 2
```

只取结果的整数部分 0 和 3，而舍去了 0.33 和 0.833333 小数部分。

若两个实数相除，所得的商也为实数。例如上述两个整数如果用实数相除，则有：

```
3.0/10.0 = 0.3
17.0/6.0 = 2.833333
```

由以上可见，整数相除时，如果不能整除，将会产生很大误差，所以要尽量避免整数直接相除。

(3)模运算“%”也称为求余运算。运算符“%”要求两个运算对象都为整型，其结果是整数除法的余数，也为整型。例如：

```
5 % 10 = 5
10 % 3 = 1
-10 % 3 = -1
```

(4)算术运算符的优先级及结合性如下：①单目运算符的优先级要高于双目运算符，即取正值“+”和取负值“-”运算的优先级要高于 *、/、+(加法)、-(减法)运算；②在+(加法)、-(减法)、*、/、%这 5 个运算符中，*、/和%优先级高于+、-，而在优先级相同的情况下，这 5 个运算符的结合性均是从左到右。

2. 算术表达式

C语言的算术表达式由算术运算符、常数、常量、变量、函数和圆括号等组成，其基本形式与数学上的算术表达式相类似。例如：

```
-8*(19%10+3)
x/(79-(12+y)*z)
```

都是合法的算术表达式，使用算术表达式时应注意：

(1) 双目运算符两侧运算对象的类型必须一致，表达式结果的类型将与运算对象的类型一致。如果类型不一致，系统将自动按转换规律先对操作对象进行转换，然后再进行相应的运算。

(2) 用括号可以改变表达式的运算顺序，左右括号必须配对，多层括号也都用圆括号“()”表示，运算时先计算内括号中表达式的值，再计算外括号中表达式的值。例如上述表达式 x/(79－(12＋y)＊z)的运算顺序是：先计算 12＋y 的值，然后将结果与 z 相乘的乘积，再用 79 减去这个乘积得到一个差，最后用 x 除以这个差。

3. 自增与自减运算符

除了传统的算术运算符外，C语言还提供了特有的自增“＋＋”、自减“－－”运算符。自增“＋＋”、自减“－－”运算是单目运算，即其操作对象只有一个，优先级高于所有双目运算。其作用是使变量的值增1或减1。例如＋＋i，相当于 i＝i＋1，－－i，相当于 i＝i－1。自增和自减运算本身也是一种赋值运算。自增、自减运算的应用形式为：

＋＋i；－－i；运算符在变量前面，称为前缀形式，表示变量在使用前自动加1或减1；

i＋＋；i－－；运算符在变量后面，称为后缀形式，表示变量在使用后自动加1或减1；

使用自增自减运算时应注意：

(1)＋＋、－－运算只能作用于变量，不能用于表达式或常量。因为自增、自减运算是对变量进行加1或减1操作后再对变量赋新的值，而表达式或常量都不能进行赋值操作。所以下列语句形式都是不允许的：

```
x=(i+j)++;10++;(5*8)++;
```

(2)＋＋、－－运算的前缀形式和后缀形式的意义不同。前缀形式是在使用变量之前先将其值增1或减1；后缀形式是先使用变量原来的值，使用完后再使其值增1或减1。例如设 x＝5，有：

y＝＋＋x；等价于：先计算 x＝x＋1(结果 x＝6)，再执行 y＝x，结果 y＝6。

y＝x＋＋；等价于：先执行 y＝x，再计算 x＝x＋1，结果 y＝5，x＝6。

y＝x＋＋＊x＋＋；结果：y＝25，x＝7。

＋＋为后缀形式，先取 x 的值进行"＊"运算，再进行两次 x＋＋。

y＝＋＋x＊＋＋x；结果：y＝49，x＝7。

＋＋为前缀形式，先进行两次 x 自增1，使 x 的值为7，再进行相乘运算。

(3) 用于＋＋、－－运算的变量只能是整型、字符型和指针型变量。

(4) ＋＋、－－的结合性是自右向左的。

【例 2-3】分析以下程序的执行结果。

```
main()
  {
    int a=6,b=6,c=6;
    int x,y,z;
    x=-a++;
    y=(b++)+(b++)+(b++);
    z=(++c)+(++c)+(++c);
    printf("x=%d,y=%d,z=%d\n",x,y,z);
    printf("a=%d,b=%d,c=%d\n",a,b,c);
  }
```

分析：

(1)－a＋＋表达式中有两个运算符，取负值("－")和自增("＋＋")运算符，都是单目运算符优先级相同，结合性为从右到左，所以先计算 a＋＋，且 a＋＋为后缀运算，所以先将 a 的值 6 参与表达式的计算，使整个表达式的值为－7，然后 a 自增，所以 a 的值为 7。

(2)在表达式(b＋＋)＋(b＋＋)＋(b＋＋)中，有两种运算符，加法("＋")和自增("＋＋")运算符，自增为单目运算符，优先级高于加法(双目运算符)，所以先计算 3 个自增运算。由于是后缀运算，先将 3 个 b＋＋中 b 的值 6 取出来参与表达式运算，y 的值为 18。然后 b 再做 3 次自增 1 的运算，b 的值为 9。

(3)在表达式(＋＋c)＋(＋＋c)＋(＋＋c)中，同样也是先计算 3 个自增运算，由于是前缀运算，所有 c 先做 3 次自增 1 的运算，c 的值为 9，再将 3 个 c 的值 9 取出来参与表达式运算，z 的值为 27。

程序运行结果如下：

```
x=-6,y=18,z=27
a=7,b=9,c=9
```

另外，大家可以思考一下，如果把上述程序中所有自增运算改为自减，结果如何？

注意：

像这种能够产生副作用的代码在实际编程过程中极少用到，这样使用会大大降低程序的可读性，建议同学们尽量不要使用。

2.4.3　赋值运算符与赋值表达式

1. 赋值运算符与赋值表达式

将一个值存入变量所指的存储单元，这一操作可以通过赋值运算来实现。赋值运算构成了 C 语言最基本、最常用的赋值语句，同时 C 语言还允许赋值运算符"＝"与 10 种运算符联合使用，形成组合赋值运算，使得 C 程序简明而精练。

1)赋值运算符

赋值运算符用"＝"表示，它是一个双目运算符，结合性从右到左。其功能是计算赋值运算符"＝"右边表达式的值，并将计算结果赋给"＝"左边的变量。例如：

```
t=32.1;          /* 直接将实型数 32.1 赋给变量 t */
```

```
t=a*b;           /* 将a和b进行乘法运算,所得到的结果赋给变量t */
```

注意:

赋值运算符"="与数学中的等号完全不同,数学中的等号表示在该等号两边的值是相等的,而赋值运算符"="是指要先对"="右边表达式进行运算,并将运算结果保存到"="左边指定的变量中。所以,赋值运算符实际上要完成两个操作,先计算,再赋值。

2)赋值表达式

赋值表达式:赋值运算符将一个变量和一个表达式连接起来的式子称为赋值表达式,其功能是将赋值号右边表达式的结果送到左边的变量中保存,它的一般形式为:

变量名=表达式

赋值表达式求解过程:计算赋值运算符右边"表达式"的值,并将计算结果赋值给赋值运算符左边的"变量"。赋值表达式"变量名=表达式"的值就是赋值运算符左边"变量"的值。例如求三角形面积的算术表达式:

```
sqrt(p*(p-a)*(p-b)*(p-c))
```

写成赋值表达式为:

```
s=sqrt(p*(p-a)*(p-b)*(p-c))
```

其中s是变量,赋值号右边是算术表达式,s的值就是这个算术表达式的值,也就是该赋值表达式的值。以下的赋值表达式表示:

i=7 将常数7赋值给变量i,赋值表达式"i=7"的值就是7

a=8.3-b 计算算术表达式8.3-b的值并赋值给变量a

x=(a+b+c)/17.9*1.9 计算算术表达式(a+b+c)/ 17.9*1.9的值并赋值给变量x

2. 复合赋值运算符和复合赋值表达式

在赋值运算符之前加上其他运算符可以构成复合赋值运算符。C语言中规定可以使用10种复合赋值运算符,它们分别是+、-、*、/、%、<<、>>、|、&、^,其中与算术运算有关的有5个,如表2-4所示。

表2-4　复合赋值运算符

复合赋值运算符	名称	例子	等价于	结合性
+=	加赋值	a+=b	a=a+b	从右到左
-=	减赋值	a-=b	a=a-b	从右到左
*=	乘赋值	a*=b	a=a*b	从右到左
/=	除赋值	a/=b	a=a/b	从右到左
%=	取余赋值	a%=b	a=a%b	从右到左

由上表可知,复合赋值表达式的一般形式为:

变量 运算符=表达式

它等价于:

变量=变量+运算符+表达式。即:先将变量和表达式进行指定的组合运算,然后将运算的结果赋值给变量，比如，a＝a＋b 可以写成 a＝＋b；x＝x＊(y＋z)可以写成 x＊＝y＋z。

【例 2－4】分析以下程序的执行结果。

```
main()
{
int a = 3,b = 2,c = 4,d = 8,x;
a+ =b*c;
b- =c/b;
printf(" %d, %d, %d, %d\n",a,b,c* =2*(a-c),d% =a);
printf("x= %d\n",x=a+b+c+d);
}
```

分析：

a+ =b*c 等价于 a=a+(b*c)，即 a=3+2*4=11；

b- =c/b 等价于 b=b-(c/b)，即 b=2-4/2=0；

c* =2*(a-c)等价于 c=c*(2*(a-c))，即 c=4*2*(11-4)=56；

d% =a 等价于 d=d%a，即 d=8%11=8；

所以，程序运行结果如下：

```
11,0,56,8
x=75
```

不难发现，看到使用复合赋值运算符可以简化 C 语言中的语句，请同学们再去分析一下：若 n＝2，计算 n＋＝n－＝n＊n 的值。

3. 类型转换

赋值运算是把赋值号右边常量或表达式的值赋值给左边的变量。但有时会出现赋值号两边的变量和表达式类型不一致，比如变量类型为整型，而常量或表达式的值为实型的情况。运用赋值运算符构成的赋值表达式，在将常量或表达式的值赋值给变量的同时，实际上又可以完成类型转换的功能。即在赋值表达式中，当变量与常量或表达式的类型不同时，一律将常量或表达式类型转化为变量的类型。例如：

```
int a ='A';
int b =3.1416;
```

在表达式 a＝ 'A'中，先将常量'A'转换为 int 型值 65，然后赋值给变量 a 保存；执行 b＝3.1416 时，将常量 3.1416 转换成 int 型值 3 存入变量 b 中。这种类型转换我们称之为隐含式类型转换，还有一种转换叫做强制型类型转换，具体的内容我们将在 2.5 节讨论。

2.5　表达式中数据间的混合运算与类型转换

【例 2－5】分析以下程序中的错误。

```
main()
{
char a ='X';
```

```
int b = 5,f = 10;
float c = 6.4,d = 3.6;
double e = 25.5;
printf("%d\n",(a + b * c - d/e) % f);
}
```

非常明显,这个程序不能正确的输出结果,因为对于求余运算符“%”而言,要求两个操作数都必须的整型,但“(a+b * c−d/e)”是一个 double 型。所以,在表达式所表述的运算过程中,运算符处理的数据不可能都是同一类型,这个问题我们在 2.4 节的赋值运算符和赋值表达式中介绍过有关数据类型转换的问题,主要讨论了在赋值过程中,赋值运算符左边变量的类型和赋值运算符右边表达式的值类型不一致时,系统所遵循的转换原则。强制类型转换运算符(数据类型)也提供了进行数据类型转换的手段,例如:int a,就将变量 a 的类型强制性转换为了整数类型。这种通过用强制类型转换运算符实现的类型转换称为“显式的”类型转换。本节我们要讨论的数据类型转换是由 C 语言的编译系统自动完成的,是一种“隐含式的”自动类型转换,这种“隐含式的”类型转换不会体现在 C 语言源程序中。但是,C 语言程序设计人员必须了解这种自动转换的规则及其结果,否则会引起对程序执行结果的误解。

混合运算是指在一个表达式中参与运算的对象不是相同的数据类型,例如:

```
2 * 3.1416 * r;
3.1416 * r * r;
3.6 * a % 5/b + 'f';
```

如果 r 为 int 型变量,a 为 float 型变量,b 为 double 型变量,则以上三个表达式中涉及到的数据类型有整型、实型、字符型,这种表达式称为混合类型表达式。对混合类型表达式的求解要进行混合运算,此时首要的问题是对参与运算的数据进行类型转换。表达式中数据类型的转换可分别由两种转换形式完成:一种是数据类型的隐含转换;另一种是数据类型的强制转换。

1. 数据类型的隐含转换

C 语言允许进行整型、实型、字符型数据的混合运算,但在实际运算时,系统会先将不同类型的数据转换成同一类型再进行运算。这种类型转换的一般规则是:

(1)运算中将所有 char 型数据都转换成 int 型,float 型转换成 double 型

(2)低级类型服从高级类型,并进行相应的转换。数据类型的级别由低到高的排序表示如下:

char →int →unsigned →long → float→ double

低 高

(3)赋值运算中最终结果的类型,以赋值运算符左边变量的类型为准,即赋值运算符右端值的类型向左边变量的类型看齐,并进行相应的转换。

下面给出类型转换的示例,以加深理解。设有如下变量说明:

```
int a, j, y; float b; long d; double c;
```

则对赋值语句:

```
y = j + 'a' + a * b - c/d;
```

其运算次序和隐含的类型转换如下：

① 计算 a * b，由于变量 b 为 float 型，所以运算时先由系统自动转换为 double 型，变量 a 为 int 型，两个运算对象要保持类型一致，变量 a 也要转换为 double，运算结果为 double 型。

② 由于 c 为 double 型，将 d 转换成 double 型，再计算 c/d，结果为 double 型。

③ 计算 j+'a'，先将'a'(char 型)转换成整型数再与 j 相加，结果为整型。

④ 将第 1 步和第 3 步的结果相加，先将第 3 步的结果(int)转换成 double 型再进行运算，结果为 double 型。

⑤ 用第 4 步的结果减第 2 步的结果，结果为 double 型。

⑥ 给 y 赋值，先将第 5 步的结果 double 型转换为整型(因为赋值运算左边变量 y 为整型)，即将 double 型数据的小数部分截掉，压缩成 int 型，然后进行赋值。

以上步骤中的类型转换都是 C 语言编译系统自动完成的。

注意：

在计算表达式时，数据类型的各种转换只影响表达式的运算结果，并不改变原变量的定义类型。如上所述，尽管在表达式中，变量 a、b、c、d 的数据类型发生了转换，其实原变量定义的类型和数据并没有发生变化，只是在参与运算时产生一个临时效果，从而满足运算的需要。

2. 数据类型的强制转换

在不少情况下，存在“赋值不兼容”，数据之间不能进行自动转换的问题。如果确实需要转换，就必须使用类型强制转换。类型强制转换可以根据用户的需要，实现不同类型之间的数据转换。

数据类型的强制转换是通过运算符来实现，是一个数值、变量或表达式前加上带括号的类型标志符，一般形式如下：

(数据类型)表达式

功能：将表达式的值强制转换为指定的数据类型，即在括号内标明的数据类型。

为了解决【例 2-5】程序的错误，只需将 printf 语句输出的表达式改为 int(a+b * c-d)%f，这样将(a+b * c-d)的运算结果强制转换为整型，才可以与 f 进行求余运算。

强制类型转换形式中的表达式一定要用括号扩起来，否则仅对紧随强制转换运算符的量进行类型转换。而对单一数值或变量则不需要括号，例如：

```
int (x + y)             /* 将 x + y 的值强制转换成整型 */
int x + y               /* 先将 x 强制转换成整型数据再和 y 相加 */
```

强制类型转换是一种“不安全”的转换，即它在转换的过程中没有一个从低到高的类型顺序，所以在将高类型强制转换成低类型时，有可能会造成数据精度的损失，例如：

```
float f = 3.14;
int n;
n = (int)f
```

这里由于将 float 型的 f 强制转换成 int 型，使 n 的值为 1，f 的小数部分被舍弃，损失了数值精度。

2.6　条件运算符

条件运算符是C语言中唯一的三目运算符，就是说它有三个运算对象。条件运算符的形式是“？：”由它构成的表达式称为条件表达式。其形式为：

表达式1？表达式2：表达式3

条件运算符的“?”和“:”总是成对出现的。条件表达式的运算功能是：先计算表达式1的值，若值为非0，则计算表达式2的值，并将表达式2的值作为整个条件表达式的结果；若表达式1的值为0，则计算表达式3的值，并将表达式2的值作为整个条件表达式的结果。例如有以下条件表达式：

(a＞b)？a＋b：a－b

当a＝8，b＝4时，求解条件表达式的过程如下：

先计算关系式a＞b，结果为1，因其值为真，则计算a＋b的结果为12，这个12就是整个条件表达式的结果。请特别注意，此时不再计算表达式a－b了。如果关系式a＞b的结果为0，就不再计算表达式a＋b了。这一点在应用中很重要。

条件表达式的优先级高于赋值运算，但低于所有关系运算、逻辑运算和算术运算。其结合性是自右向左结合，当多个条件表达式嵌套使用时，每个后续的“:”总与前面最近的、没有配对的“?”相联系。例如在条件表达式“a＞0 ？a/b：a＜0 ？a＋b：a－b”中，出现两个条件表达式的嵌套，求解这个表达式时先计算后面一个条件表达式“a＜0 ？a＋b：a－b”的值，然后再与前面的“a＞0 ？a/b：”组合。

使用条件表达式可以使程序简洁明了。例如，赋值语句“z＝(a＞b)？ a：b”中使用了条件表达式，很简洁地表示了判断变量a与b的最大值并赋给变量z的功能。所以，使用条件表达式可以简化程序

【例2-6】 编写一个程序，用户输入一个整数，指出是奇数还是偶数。

```
main()
{
int n;
scanf("%d",&n);
printf("%d是一个%s\n",n,(n%2==0?"偶数":"奇数"));
}
```

2.7　其他运算

除了上述介绍的几种运算外，C语言还提供了其它一些丰富多样的运算，例如：用于指针操作、地址操作、结构体成员操作、强制类型转换操作等运算功能。以下简要介绍这些运算的简单形式及含义，较详细的讨论和应用在本书相关内容的章节中介绍。

1. 逗号运算符

逗号运算使用的运算符是“,”，其作用是将多个表达式连在一起构成逗号表达式。其形

式为：

表达式 1，表达式 2，…，表达式 n

逗号表达式的优先级是所有表达式中最低的，其结合性是自左向右结合。

对逗号表达式的求解过程：将逗号表达式中各表达式按从左至右的顺序依次求值，并将最右面的表达式结果作为整个逗号表达式的最后结果。例如：

```
y = (x = 123,x + + ,x + = 100 - x);
```

括号内表达式是用"，"运算符连接的三个表达式，执行情况是将 123 赋给 x，然后执行 x＋＋得 x 得值为 124，最后执行 x＋＝100－x 得 100，这个 100 就是该逗号表达式的求解结果，所以 y 的值是 100。

2. "."和"－＞"运算符

"."和"－＞"是运算符，其作用是引用构造数据类型的结构和联合中的分量，即表示结构体或联合中的成员变量。其形式为：

结构体名.结构体成员名 或 结构体名－＞结构体成员名

例如：stu. num stu－＞num

在 C 语言的所有运算符中，"."和"－＞"的优先级最高。并且它们具有相同的作用，用两种运算符仅仅是考虑用户的使用习惯。"."和"－＞"的结合性是自右向左结合。关于"."和"－＞"的具体应用请参见第 11 章。

3. "( )"和"[]"运算符

在 C 语言中，"( )"和"[]"也作为运算符使用。"()"运算符常使用于表达式中，其作用是改变表达式的运算次序；也可在强制类型转换运算或 sizeof 运算中使用。"( )"还可用于函数的参数表，有关的详细说明请参见本书第 9 章中有关函数说明、定义和调用的内容。

"[]"被称为下标运算符，用于数组的说明及数组元素的下标表示。有关数组的内容请参见第 7 章。

"( )"和"[]"运算符的优先级与"."和"－＞"运算符同级，也就是说，在 C 语言的所有运算符中，"( )"、"[]"、"."、"－＞"运算符的优先级别最高，其结合性是自左向右结合。

4. "*"和"&"运算符

"*"是指针运算符，其含义是访问指针所指向的内容。"&"是地址运算符，其含义是取指定变量的地址。"*"和"&"运算符使用的一般形式为：

* 指针变量

& 内存变量

"* 指针变量"的功能是访问指针变量所指的内容，"& 内存变量"的功能是取出指定内存变量的地址，例如：

*pc &a

pc 表示访问指针变量 pc 所指的内容；&a 表示要取出内存变量 a 的地址。""和"&"都是单目运算符，其优先级高于所有双目运算符的优先级，结合性是自右向左结合。

注意：

这里给出的"*"和"&"运算符都用于指针型变量的运算符，它们不同于算术运算中的乘“ * ”和位运算中的位与“&”运算符。关于指针的其它运算及有关的详细内容，请参见第10章指针。

5. sizeof 运算符

sizeof 是一种运算符，其一般应用形式为：

sizeof (opr)

其中 opr 表示 sizeof 运算符所要运算的对象，opr 可以是表达式或数据类型名，当 opr 是表达式时括号可省略。sizeof 是单目运算符，其运算的含义是：求出运算对象在计算机的内存中所占用的字节数量。例如：

sizeof(char) 求字符型在内存中所占用的字节数，结果为 1。

sizeof (int)(a * b) 求整型数据在内存中所占用的字节数，结果为 2。

2.8　本章小结

1. 各种数据类型及其类型说明，其中涉及到的重要概念有：整型、实型、字符型数据的表示、存储、取值范围、数值有效位及各种类型说明形式。例如，数值型数据都是用补码表示；单精度实型数据的有效位只有 7 位；字符常数用单引号括起来，每个字符只占一个字节，而字符串常数用双引号括起来，其存储长度总比字符串多一个字节，用于表示字符串的结束；实型数据表示的是近似值；两个整数相除时有可能造成误差；C 中没有逻辑型数据，用 0 表示逻辑假，非 0 表示逻辑真。

2. 各种运算符与表达式，其中涉及到的重要概念有：运算对象的个数、运算优先级、结合型、类型转换等。例如，单目运算符、双目运算符和三目运算符的使用；赋值表达式、逗号表达式、条件表达式和组合运算表达式的值；将一个实型数据赋值给整型变量时将产生误差。关系运算和逻辑运算的结果是数值 1 或 0，表示逻辑真或假；运算时的类型转换是由高级到低级转换。

本章的难点是：一些特殊运算符的使用，例如：－、＋＋、－－、*、& 等，求负与减的区别，自增、自减与加 1 减 1 的区别，指针运算符 * 与乘号的区别。

本章易犯的错误：变量未经定义即加以使用；变量的取值超过了其能表示的范围，造成数据溢出；两个整数相除，结果误为实型；对单目运算的＋＋与－－的前置与后置意义不清楚；对转义字符的意义不清楚，误认为转义字符是普通字符或多余的字符；对两个定界符′′与″″意义不清楚，在需要使用单引号的场合却使用了双引号。

本章的内容是 C 语言的基本语法元素，主要是一些基本概念和规则，没有多少灵活性，所以需要在理解的基础上记忆和熟练。

C 语言是功能强大的计算机高级语言，它既适合于作为系统描述语言，又适合于作为通用的程序设计语言。任何计算机语言都有一系列的语言规定和语法规则。

第 3 章　顺序结构程序设计

在程序设计的过程中，人们往往按照一定的流程进行。但如果由于没有严格的限制，任由设计者将流程转来转去，使算法毫无逻辑，杂乱无章，大大降低了程序的可靠性和可维护性。所以，针对这一问题，人们做了相应的限定，即不允许毫无逻辑、毫无章法地使程序流程随意转向，只能顺序进行。但算法中不可避免地包含一些分支和循环，不可能全都一一顺序进行。于是，人们规定出几种基本结构，然后将这些基本结构由上至下顺序组成一个算法结构，即结构化算法。同时，为了让计算机处理各种数据，首先就应该把源数据输入到计算机中；计算机处理结束后，再将目标数据信息以人能够识别的方式输出。C 语言中的输入输出操作，是由 C 语言编译系统提供的库函数来实现。本章先介绍 3 种基本控制结构和各种顺序执行语句，然后讨论格式化输出函数 printf()、格式化输入函数 scanf()和单个字符输入/输出函数。

3.1　结构化程序的 3 种基本控制结构

1966 年，Bohm 和 Jacopini 提出了程序的 3 种基本控制结构：顺序结构、选择结构和循环结构，并通过研究表明，只用这 3 种控制结构就能够编写所有的程序。

3.1.1　顺序结构

顺序结构程序就是执行时依语句排列顺序一条接着一条地执行，不发生控制流的转移。这是最简单的一种基本结构，如图 3-1 所示，顺序结构中的各部分是按书写顺序执行的。

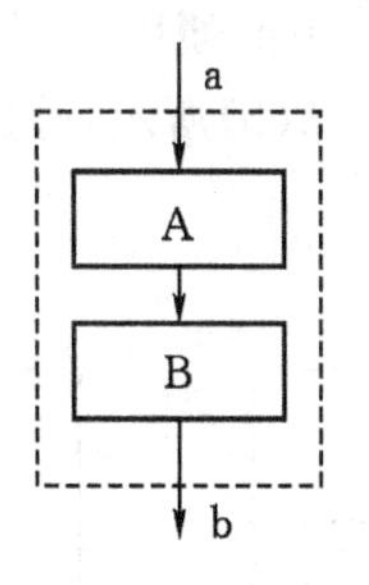

图 3-1　顺序结构

特点：每个程序都是按照语句的书写顺序依次执行的，它是最简单的结构。不可或缺的若干语句，用{}把它们括起来，这样的语句体称为复合语句。复合语句在逻辑上等价于一条语句，复合语句内部还可嵌套复合语句。

3.1.2　选择结构

选择结构也称为分支结构。分支语句有两类，一类是 if 语句，另一类是 switch 语句。条件语句的作用是使程序按某种条件有选择地执行一条或多条语句。其中，条件可以用表达式来描述，如关系表达式和逻辑表达式。图 3-2(a)的选择结构中包含一个判断框，程序的执行流程根据判断条件 p 的成立与否，选择其中的一路分支执行。图 3-2(b)所示的是特殊的选择结构，即一路为空的选择结构。这种选择结构中，当判断条件 p 成立时，执行 A 操作，然后脱离选择结构；如果判断条件 p 不成立，则直接脱离选择结构。

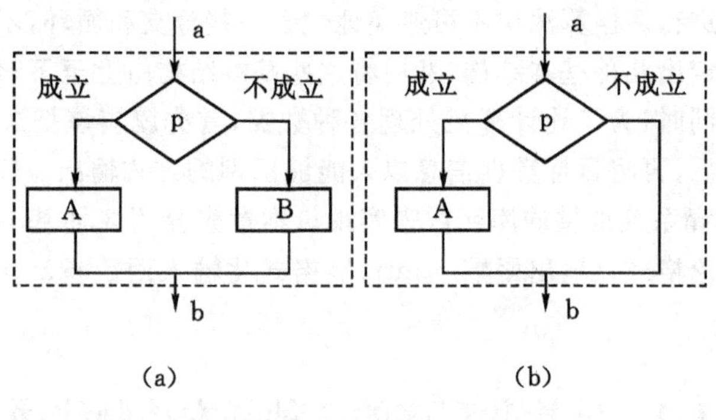

图 3-2

特点：选择结构程序中的语句(段)是否执行，取决于某个"条件"是否成立。选择结构的程序又有三种形式：单分支结构、双分支结构和多分支结构。

3.1.3　循环结构

在我们处理问题时，经常会发现有很多步骤需要重复执行，比如求 n 个数的和，就是不断地重复"取数→累加"，多少个数相加就要重复多少次。但如果这么多重复的步骤每次都写无疑会大大增加程序书写的复杂度，由此便引入了循环的概念。循环结构是指被重复执行的一个操作集合，如图 3-3(a)和 3-3(b)所示，分别描述了循环结构的两种形式：当型循环与直到型循环。

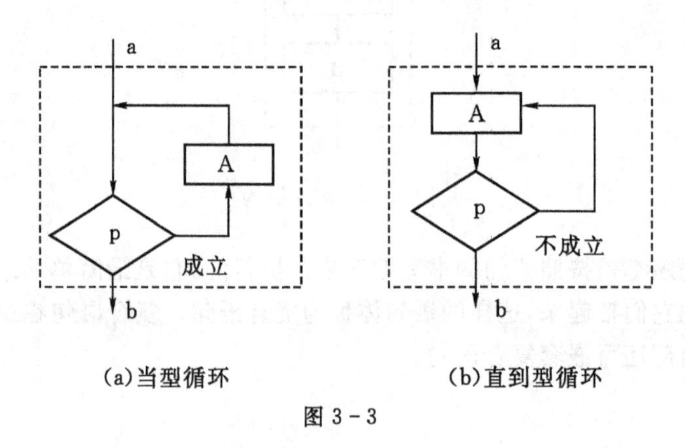

图 3-3

特点如下：

(1)当型循环。当型循环的含义可以这样概括：条件p成立时，重复执行A操作。其执行流程可以详细解释如下：先判断条件p是否成立，如果成立，则执行A操作；然后再判断条件p是否成立，如果成立，则再执行A操作，如此反复进行，直至某次再判断条件p不再成立，便停止执行A操作而脱离循环结构，如图3-3(a)所示。

(2)直到型循环。直到型循环的含义可以这样概括：重复执行A操作，直到条件p成立为止。其执行流程可以详细解释如下：先执行A操作，再判断条件p是否成立，如果不成立再执行A操作，再去判断条件p是否成立，如果不成立再执行A操作，如此反复进行，直至某次条件c成立，结束循环，如图3-3(b)所示。

通过以上介绍，我们可以得到以下结论：无论是顺序结构、选择结构还是循环结构，它们有一个共同的特点，即只有一个入口和一个出口。这点我们也能从示意图中看到，如果把基本结构看作一个整体，即被虚线框所包围的的区域，执行流程从a点进入基本结构，由b点脱离。所以，如果整个程序由若干个这样的基本结构组成，必然能够使程序的结构非常清晰且有良好的可读性。

在选择结构和循环结构中都出现了判断框。选择结构中的判断框是用来决定程序流程执行操作A或操作B；而循环结构中的判断框是用来决定是否反复执行操作A。

3.2　C语句概述

在前一章我们讲过C语言程序的基本组成单位是函数。其中有些是用户自定义函数，有些则是C中的库函数。这些函数可以出现在同一源文件中，也可以出现在多个源文件中，但最后总是编译连接成一个可执行C程序(.exe)。

无论程序结构如何，主函数都是C程序运行的起点，所以主函数必须唯一，其函数名固定为main。C语言程序由一个或多个函数组成，其中有且仅有一个主函数main。最简单的C语言程序只有一个函数，即主函数。

C程序的基本组成单位是函数，而函数由语句构成。所以语句是C程序的基本组成成分。语句能完成特定操作，语句的有机组合能实现指定的计算处理功能。语句最后必须有一个分号，分号是C语句的组成部分。

C语言中的语句分类如下。

3.2.1　流程控制语句

C语言中控制程序流程的语句有三类，共9种语句。

1. 选择语句

选择语句有if语句和switch语句两种。

例如：if(a>b)max=a;

else max=b;

该语句表示：如果a>b条件成立，则max取a的值，否则max的值是b。在a>b条件的控制下，出现两个可能的分支流程。而switch语句能实现多个分支流程。

2. 循环语句

循环语句有 for、while 和 do_while 三种。当循环语句的循环控制条件为真时，反复执行指定操作，是C语言中专门用来构造循环结构的语句。

如：

```
for ( i = 1;i<10;i + + )
printf (″%d″,i );
```

i从1开始，每次加1，只要i<10就输出i的值，因此i=1,2,3,…,9，共循环9次，输出：

1 2 3 4 5 6 7 8 9

上述功能还可以用 while 语句和 do_while 语句实现。

用 while 语句实现：

```
i = 1;
while(i<10)
{ printf(″%d″,i); i+ +;
}
```

用 do_while 语句实现：

```
i = 1;
do
{ printf (″%d″,i); i+ +;
} while(i<10);
```

3. 转移语句

转移语句有 break,continue,return 和 goto 四种。它们都能改变程序原来执行顺序并转移到其它位置继续执行。例如，循环语句中 break 语句终止该循环语句的执行；而循环语句中的 continue 语句只结束本次循环并开始下次循环；return 语句用来从被调函数返回到主调函数并带回函数的运算结果；goto 语句可以无条件转向任何指定的位置执行。

3.2.2　表达式语句

运算符、常量、变量等可以组成表达式，而表达式后加分号就构成表达式语句。最常见的是赋值语句，它是由一个赋值表达式后跟一个分号组成，程序中的很多语句都是由赋值语句完成的。

例如，max=a 是赋值表达式，而 max=a;就构成了赋值语句。

printf(″%d″,a)是函数表达式，而 printf(″%d″,a);是函数调用语句。

所以，任何表达式都可以加上分号而成为语句，例如，我们常在程序中见到的i++，它表示使i变量的值加1。

虽然说任何表达式加上分号都可以称为语句，但需要注意的是，有些写法虽然是合法的，但是它们没有保留计算结果，从而没有实际意义，例如：

x+y→x+y;

x+y 是算术表达式，而 x+y;是语句。尽管 x+y;无实际意义，实际编程中并不采用它，但 x+y；的确是合法语句。

3.2.3　空语句

空语句是指只有一个分号的语句，即

;

空语句作用：它不产生任何操作运算，只为形式上的语句，也就是说虽然不产生任何动作，在程序中如果没有任何动作或操作需要执行，而从语句的结构上来说需要有一个语句时，可以书写空语句。例如，在设计循环结构时，有时用到空语句。

3.2.4　复合语句

在左、右花括号之间的一组语句，复合语句的一对花括号中无论有多少语句，都只视为一条语句，即作为一个整体可以说是一个语句，称为复合语句或语句块。复合语句定义：

把多个语句用花括号括起来组成的语句称为复合语句。例如：

```
{t = a;a = b;b = t;}
```

是一条复合语句。我们可以把它看成是一条语句。

注意：复合语句内的各条语句都必须以分号“;”结尾，在括号“}”外不能加分号。如：

```
{t = a ;a = b;b = t;};
{t = a ;a = b;b = t}
```

均为错误的复合语句。

3.3　顺序结构程序设计

3.3.1　顺序结构程序设计的思想

顺序结构是结构化程序设计中最简单、最常见的一种程序结构，其程序是按照整个语句出现的次序顺序执行的。顺序结构程序通常可分为 3 个部分。

(1)数据输入。要让计算机运算或处理问题，首先必须把已知的数据，即让计算机运算或处理的对象输入到计算机中。

(2)处理数据。在已知数据输入到计算机后，根据解决问题的需要对其进行相应的处理。

(3)输出结果。让计算机程序进行运算处理的目的是得到相应的结果，同时也为了验证程序的正确性，因此必须将运算处理的结果输出来。

3.3.2　顺序结构程序设计应用举例

【例 3-1】设有两个变量 x、y，编程序实现两个变量的值互换。

```
# include "stdio.h"
main ( )
{
```

```
double x, y, t ;
printf("Enter x and y :\n");
scanf (" %lf%lf", &x, &y);
t=x;                    /*将变量x的值放入变量t中暂存*/
x=y;                    /*将变量y的值赋值给变量x*/
y=t;                    /*从变量t中取出原x的值赋值给变量y*/
printf ("x= %f, y= %f \n", x , y);
}
```

程序运行如下：

Enter x and y :

输入:11.1 ␣ 22.22↙(↙表示回车，␣ 表示空格)

输出：x=22.220000,y=11.110000

第一个printf函数输出的是提示信息，提醒用户输入x和y的值；x,y值交换后用%f格式输出x和y的值(输出double型数据可以用%f格式，但输入double型数据必须用%lf或%le格式)。在格式字符串中用“x=”,“y=”是为了对输出的数据进行说明，使输出数据更明确。

3.4　格式化输出函数printf()

一般C程序总可以分成三部分：输入原始数据部分、计算处理部分和输出结果部分。即在程序的执行过程中，有时候需要从外部设备(例如键盘)上输入一些已知数据；同样，在程序执行结束后，都要把执行结果发送到外部设备(例如显示器)上以便我们对执行结果进行分析。

通常把程序从外部设备上获得数据的操作称为“输入”，而把程序将执行结果发送到外部设备的操作称为“输出”。其它高级语言均提供了输入和输出语句，而C语言无输入输出语句。为了实现输入和输出功能，在C的库函数中提供了一组输入输出函数，其中scanf和printf函数是针对标准输入输出设备(键盘和显示器)进行格式化输入输出的函数。由于它们在文件"stdio. h"中定义，所以要使用它们，应使用编译预处理命令 # include "stdio. h"将该文件包含到程序文件中。有关编译预处理命令的用法将在第X章介绍。

3.4.1　标准输出函数printf()的格式与功能

printf函数的调用形式：

printf(格式字符串 ,输出项表)；

功能：按格式字符串中的格式依次输出输出项表中的各输出项。

说明：字符串是用双引号括起的一串字符，如："China"。格式字符串是用来说明输出项表中各输出项的输出格式。输出项表列出要输出的项(常量、变量或表达式)，各输出项之间用逗号分开。若输出项表不出现，且格式字符串中不含格式信息，则输出的是格式字符串本身。因此实际调用时有两种形式：

形式 1：printf(字符串)；

功能：按原样输出字符串。

形式 2：printf(格式字符串,输出项表)；

功能：按格式字符串中的格式依次输出输出项表中的各输出项。

例如：printf("How do you do? \n")；

输出：How do you do? 并换行。'\n'表示换行。

又如：printf("r=%d,s=%f\n",2,3.14*2*2)；

输出：r=2,s=12.560000。用格式%d 输出整数 2,用%f 输出 3.14*2*2 的值 12.56,%f 格式要求输出 6 位小数,故在 12.56 后面补 4 个 0。"r="、","和"s="不是格式符,按原样输出。

"格式字符串"也称格式控制符或格式转换字符串,可以包含下列字符：

(1)格式指示符。例如"%d"、"%f"、"%4d"、"%5.2f"等,这些字符用来控制数据的输出格式

(2)转义字符。这些字符用来控制光标的位置。

(3)普通字符。除格式字符和转义字符之外的其他字符,这些字符输出时原样输出,例如上面例子中的"How do you do?"、"r="和"s="等。

"输出项表"由若干个输出项构成,多个输出项之间用逗号来分隔,每个输出项既可以是变量、常量,也可以是表达式。但有时,调用 printf()函数也可以没有输出项。在这种情况下,主要是输出一些提示信息,例如：

```
printf("Please Enter x and y :\n")
```

3.4.2　格式指示符

格式指示符的一般格式如下：

%[修饰符]格式字符

1. 格式字符

printf()常用的格式符见表 3-1。

表 3-1　printf()常用的格式字符及其说明

格式符	输出形式	输出项类型	数据输出方式
%-md %-mo %-mx %-mu	d 十进制整数 o 八进制整数 x 十六进制整数 u 无符号整数	int, short unsigned int unsigned short char	有-,左对齐;无-,右对齐; 无 m 或总宽度超过 m 位时按实际宽度输出;不足 m 位时,补空格
%-mld %-mlo %-mlx %-mlu	ld 十进制整数 lo 八进制整数 lx 十六进制整数 lu 无符号整数	long unsigned long	

续表 3-1

格式符	输出形式	输出项类型	数据输出方式
%-m.nf %-m.ne %<f,e>	f十进制小数 e十进制指数 自动选定格式	float double	有一,左对齐;无一,右对齐。无m.n或总宽度超过m时,则按实际宽度输出;有m.n输出m位,其中小数n位;不足m位时,加空格
%g	自动选定f或e格式	float double	不输出尾数中无效的0,以尽可能少地占输出宽度
%-mc	单个字符	char	有一,左对齐; 无一,右对齐; 无m则输出单个字符; 有m则输出m位,不足m位时补空格
%-m.ns	字符串	字符串	有一,左对齐;无一,右对齐; 无m.n则按实际输出全部字符串,有m.n则输出前n个字符串

注意:

m、n 均是正整数,m主要用于控制输出数据的总宽度,n用于控制输出实数的小数位数或控制输出字符串时可以输出的实际字符数。

2. 长数据修饰符

长数据修饰符"l"加在"%"号与格式符之间,用于输出长整型数据。如果在输出长数据是不加"l"便不能得到正确的输出结果。例如:

```
long a = 1234567;
printf("a = %ld",a)
```

输出结果为:

```
a = 1234567
```

3. 宽度和精度修饰符

可以在"%"符号和格式字符之间加入形式如"m.n"(m、n均为整数)的修饰。其中,m为宽度修饰,n为精度修饰。宽度修饰用来指定数据输出的总宽度;精度修饰符对于不同的格式字符有不同作用:对于格式字符f,用来指定输出小数位的位数;对于格式字符e用来指定输出有效数字的位数;对于格式字符d,用来指定必须输出的数字的个数。

4. 左对齐修饰符

在指定了宽度修饰符时,如果指定宽度小于数据需要的实际宽度,则数据左边补空格,补够指定的宽度,这种方式称为"右对齐"。同样,也可以在数据的右边补空格来补够指定的宽度,这种方式称为"左对齐"。指定左对齐的时候,就要用到左对齐修饰符"-"。

例如:

```
printf("%6.2f\n",1.234567)
```

```
printf("%-6.2f\n",1.234567)
```

输出结果分别为：

```
␣␣1.23(左边补2个空格)
1.23␣␣(右边补2个空格)
```

【例 3-2】分析程序的执行结果。

```
#include "stdio.h"
main( )
{
int a=16; char e='A';
unsigned b;
long c;
float d;
b=65535;
c=123456;
d=123.45;
printf("a=%d, %4d, %-6d, c=%d\n", a, a, a, c);
printf("%o, %x, %u, %d\n", b, b, b, b);
printf("%f, %e, %13.3e, %g\n", d, d, d, d);
printf("%c, %s, %7.3s\n", e, "China", "Beijing");
}
```

程序执行结果：(␣表示空格)

```
a=16,␣␣16,16␣␣␣␣,c=-7616
177777,ffff,65535,-1
123.450000,1.234500e+002,␣␣␣1.235e+002,123.45
A,China,␣␣␣␣Bei
```

请同学们自己去分析结果。

3.5　格式化输入函数 scanf()

在程序中给计算机提供数据，可以用赋值语句，也可以用输入函数。在 C 语言中，可使用 scanf()函数，通过计算机默认的输入设备(一般是指键盘)输入，给计算机同时提供多个、任意的数据。

3.5.1　标准输入函数 scanf()的格式与功能

scanf()函数是一个标准库函数，它的函数原型在头文件 stdio.h 中，调用 scanf()函数的一般形式为：

```
scanf("格式字符串",输入项地址表);
```

例如：

scanf("%d%f",&a,&b);

格式字符串与 printf()基本相同,即函数具有按格式字符串中规定的格式,在键盘上输入各输入项的数据,并依次赋给各输入项,且具有对从输入流中接收到的数据进行格式转换的功能,但需要特别注意的是:输入项以其地址的形式出现,而不是输入项的名称。因为要求在内存中保存所接收到的数据,因此,需要提供接收数据的变量的地址。地址运算符 & 用于取得指定变量的地址。当以数值格式从输入流中读取数据时,scanf()可以跳过空格、换行及跳格符(在输入流中,数值型数据须以这些空白字符分隔)。

3.5.2　格式字符串

1. 格式字符

scanf()函数中格式字符串的构成与 printf 函数基本相同,如表 3-2 所示。

表 3-2　scanf()函数常用格式字符

格式符	输入形式	输入项类型	数据输入方式
%md %mo %mx	十进制整数 o 八进制整数 x 十六进制整数	int, short unsigned int unsigned short	无 m 按实际位数输入; 有 m 只能输入 m 位,不足 m 位,以 Enter 键或空格结束
%mld %mlo %mlx	ld 十进制整数 lo 八进制整数 lx 十六进制整数	long unsigned long	
%mf %me	f 十进制小数 e 十进制指数	float double	
%mlf %mle	lf 十进制小数 le 十进制指数	float double	
%mc	c 单个字符	char	无 m 仅取单个字符,以 Enter 结束; 有 m 输入 m 个字符,仅取第一个
%ms	s 字符串	字符串	无 m 输入字符至回车或空格结束; 有 m 仅取前 m 个字符

但使用时有以下不同点:

(1)附加格式说明符 m 可以指定数据宽度,但不允许用附加格式说明符.n(例如用.n 规定输入的小数位数)。

例如,scanf("%10.2f,%10f,%f",&a,&b,&c);其中%10.2f 是错误的。

(2)输入 long 型数据必须用%ld,输入 double 数据必须用%lf 或%le。在 printf 函数中输出 double 型数据可以用%f 或%e,但输入 double 型数据必须用%lf 或%le。

(3)附加格式说明符"*"允许对应的输入数据不赋给相应变量。

若 double a;int b;float c;

scanf("%f,%2d,%*d,%5f",&a,&b,&c);

在键盘上输入:5.3,12,456,1.23456↙ (↙表示回车键)

输入后,a 的值为 0,b 的值为 12,c 的值为 1.234。a 的值不正确,原因是格式符用错了。a 是 double 型,所以输入 a 用%lf 或%le,用%f 是错误的;%*d 对应的数据是 456,因此 456 实际未赋给 c 变量,把 1.23456 按%5f 格式截取 1.234 赋给 c。

2. scanf()函数的使用说明

使用 scanf()函数必须注意以下几点:

(1)scanf()函数中要求地址列表为变量的地址或表示地址的变量,并且各格式字符串与地址列表中的各项必须在类型、个数上一一匹配。

(2)在输入多个数值型数据时,若格式字符串中没有非格式字符作为输入数据的间隔,则可用空格、回车或 Tab 键作为间隔符。C 编译系统在遇到空格、回车或 Tab 键或非法数据(如对"%d",输入数据 25a,则 a 为非法数据)时即认为该数据结束。

(3)在输入字符数据时,若格式字符串中无非格式字符串,则认为所有输入的字符均为有效字符。例如:

scanf("%c%c%c",&a,&,b&c);

运行时,想使变量 a、b、c 的分别为 d、e、f,但若输入:

d ␣ e ␣ f↙

则把 d 赋值给了变量 a,空格赋值给了变量 b,e 赋值给了变量 c,因为空格也是一个字符。所以,想得到预计的结果只有输入:

def↙

(4)若 scanf()函数中的格式字符串中除了格式字符外还有其他字符,则在输入时应原样输入。例如:

```
int x,y
scanf("x = %d,y = %d",&x,&y)
```

将 10 赋值给 x,20 赋值给 y,则必须按如下格式输入:

```
x = 10,y = 20
```

所以,在一般情况下建议同学们在使用 scanf()函数时,格式字符串中不要加非格式字符。

【例 3-3】利用 printf()函数为输入添加提示信息。

```
main()
{
int a,b,c;
printf("Please input a,b,c\n");
scanf("%d,%d,%d",&a,&b,&c);
printf("a = %d,b = %d,c = %d\n",a,b,c);
}
```

程序数据的输入输出结果如下:

输入:Please input a,b,c　　　　输出:Please input a,b,c
　　7,8,9　　　　　　　　　　　　7,8,9
　　　　　　　　　　　　　　　　a = 7,b = 8,c = 9

在C语言中,由于scanf()函数本身不能显示提示信息,所以首先调用了一次printf()函数在屏幕上显示提示信息"Please input a,b,c",这样当程序执行到scanf()语句时,程序使用者便能清楚地知道要输入什么数据。当使用者输入"7,8,9"按回车键后,程序继续执行,最后输出如图3-1(b)所示的信息。其中,第一行为printf()函数输出的提示信息;第二行为用户输入的数据;第三行为程序最后的输出结果。

若将上述scanf()函数中的格式字符串改为"%d%d%d",则输入数据时就必须以空格、回车或Tab键作为数据间隔符,否则就只有a能取到值了。可以有以下3中方式:

(1)7 ␣ 8 ␣ 9↙(空格键)

(2)7↙
　8↙(回车键)
　9↙

(3)7 8 9(Tab键)

【例3-4】求一元二次方程$x^2+x-2=0$的根。

对一元二次方程$ax^2+bx+c=0$,若$b^2-4ac\geqslant 0$,则方程有两个实根:

x1=(-b+q)/(2*a)

x2=(-b-q)/(2*a)

这里a=1,b=1,c=-2,$b^2-4ac=9>0$,方程有两个实根。首先输入方程系数a、b、c,然后利用上述求根公式计算两个实根x1、x2,其中利用赋值语句q=sqrt(b*b-4*a*c);把中间结果 存放在变量q中,这样做的好处是避免重复计算。最后输出结果,输出x1,x2时采用%.0f格式,表示输出实数,但不保留小数位。

因为程序中使用了求平方根函数sqrt,它在math.h文件中定义(其它数学类函数也在该文件中定义)。所以用预处理命令#include "math.h"把文件math.h包含到程序中。

```
#include "math.h"
main( )
{
float a, b, c, x1, x2, q;
printf("Please input a, b, c\n");
scanf(" %f, %f, %f ", &a, &b, &c);
q = sqrt (b * b - 4 * a * c);
x1 = ( - b + q)/(2 * a);
x2 = ( - b - q)/(2 * a);
printf("x1 = %.0f, x2 = %.0f \n ", x1, x2);
}
```

运行程序:

Please input a, b, c

输入:1,1,-2↙

输出:x1=1,x2=-2

因为程序中使用了求平方根函数 sqrt,它在 math. h 文件中定义(其它数学类函数也在该文件中定义)。所以用预处理命令 # include "math. h"把文件 math. h 包含到程序中。前面我们介绍过,printf()函数与 scanf()函数的定义说明在头文件 stdio. h 中,要使用它们,应使用编译预处理命令 # include "stdio. h"将该文件包含到程序文件中。但我们在上面两个例子里都没有进行预处理,为什么呢?由于这两个函数是 C 语言中最常用的两个函数,C 系统会自动加载,所以调用这两个函数时,可以省略 # include "stdio. hv 命令行。

3.6　字符的输入与输出

在 C 语言中,除了使用 printf()函数和 scanf()函数可以对字符进行格式输出与输入外,还提供了 putchar()和 getchar()函数,专门用来输入与输出单个字符。

3.6.1　putchar()函数

putchar()函数的功能是向显示器输出一个字符或字符变量的值,即每调用 putchar()函数一次,就向显示器输出一个字符,其功能等价于:printf("%c",ch)。它的调用形式如下:

putchar(ch);

其中参数 ch 可以是字符变量、整型变量、字符型常量或整型表达式。当 ch 为字符型变量或常量时,输出参数 ch 的值;当 ch 为整型变量或整型表达式时,输出对应的 ASCII 代码值。例如:

```
char x='k';
putchar('a');             /* 输出小写字母 a */
putchar(x);               /* 输出字符变量 x 的值 */
putchar('\n')             /* 输出转义字符 */
```

注意:

使用本函数以及后面要介绍的 getchar()时必须要用文件包含命令"# include stdio. h",而不能象使用 printf()和 scanf()一样省略。

【例 3-5】 putchar()函数的应用。

```
#include"stdio.h"
main()
{
char a='C',b='o',c='l';
putchar(a); putchar(b); putchar(b);putchar(c); putchar('\t');
putchar(a); putchar(b); putchar('\n');
putchar(a); putchar(b); putchar(a); putchar(b);
}
```

请同学们自己查看运行结果。

3.6.2　getchar()函数

getchar()函数的功能为从键盘接受一个字符，即每调用 getchar()一次，就从键盘接受一个字符，调用形式如下：

ch= getchar()

【例 3-6】 getchar()函数的格式和作用。

```
#include "stdio.h"                      /* 文件包含 */
main()
{
char  ch;
printf("Please input two character: ");
ch=getchar();                           /* 输入1个字符并赋给 ch */
putchar(ch);putchar('\n');
putchar(getchar());                     /* 输入一个字符并输出 */
putchar('\n');
}
```

运行结果如下：

```
Please input two character:ab
a
b
```

说明：

(1)getchar()函数是一个无参函数，但调用 getchar()函数时，后面的括号不能省略。

(2)getchar()函数从键盘接受一个字符作为它的返回值。在输入时，空格、回车键等都将作为字符读入。

(3)getchar()函数只能接受一个字符。getchar()函数得到的字符可以赋值给一个字符变量或整型变量，也可以不赋给任何变量，直接作为表达式的一部分，如上例中的"putchar(getchar());"语句。

(4)调用 getchar()函数时和调用 putchar()函数一样，要将头文件"stdio.h"包含进来。

(5)getchar()函数与 scanf()函数类似，首先是键盘缓冲区取所需的数据，只有当键盘缓冲区没有数据时，才等待用户从键盘输入。当调用一次 getchar()函数时，输入多个字符，多余的字符将留作下次使用，如上例的执行过程中，我们输入了两个字符 a 和 b，先将 a 赋值给变量 ch，b 进入缓冲区，等待下一个 getchar()函数。

【例 3-7】 编写一程序，输入一个字符，输出其对应的 ASCII 码。

```
#include "stdio.h"
main()
{
char ch;
int n;
```

```
ch = getchar();
n = ch;
printf("%d\n",n);
}
```

3.7　本章小结

C 语言程序是由一个或多个函数组成,其中有且仅有一个主函数 main()。C 语言程序是从主函数 main 开始执行的,所以主函数必须唯一。构成 C 程序的函数既可以放在一个源文件中,也可以分布在若干源文件中,但最终要编译连接成一个可执行程序(文件扩展名为.exe)。

C 语言程序的基本组成单位是函数,而函数由语句组成。C 语言中,语句可分为流程控制语句(有 if 等 9 种)、表达式语句、复合语句和空语句四类。流程控制语句又分选择类、循环类和控制转移类。表达式后跟一个分号构成表达式语句。用大括号括起的一条或多条语句称为复合语句,它在语法上被看作一条语句。空语句由一个分号构成,常用在那些语法上需要一条语句,而实际上并不需要任何操作的场合。

C 语言程序中使用频率最高、也是最基本的语句是赋值语句,它是一种表达式语句。应当注意的是,赋值运算符“＝”左侧一定代表内存中某存储单元,通常是变量,a＋b＝12;是错误的。

C 语言中没有提供输入输出语句,在其库函数中提供了一组输入输出函数。本章介绍的是其中对标准输入输出设备进行格式化输入输出的函数:scanf()和 printf()。适当使用格式,能使输入整齐、规范,使输出结果清楚而美观。

本章介绍的语句和函数可以进行顺序结构程序设计。顺序结构的特点是结构中的语句按其先后顺序执行。若要改变这种执行顺序,需要设计选择结构和循环结构。

第4章　选择结构程序设计

选择结构是三种基本结构之一。在解决实际问题的时候，往往需要根据给定的条件进行选择：条件成立时执行什么操作，条件不成立时又执行什么操作。例如，在乘坐公共汽车的时候，身高高于120厘米的小孩就要买乘车票了。这里身高高于120厘米就是一个条件，条件成立需要购买乘车票，条件不成立则不用买。所以，在大多数程序中都会包含选择结构。它的作用是，根据所指定的条件是否成立，决定从给定的两组操作中选择其一。

根据某种条件的成立与否而采用不同的程序段进行处理的程序结构称为选择结构。通常选择结构有两个分支，条件为“真”，执行A程序段，否则执行B程序段。有时，两个分支还不能完全描述实际问题。例如，判断学生成绩属于哪个等级（A：90—100，B：80—89，C：60—79，D：0—59）根据学生的成绩的条件，分成4个分支，分别处理各等级分情况。例如，A级分的学生可获奖学金等，这样的程序结构称为多分支选择结构。C语言中实现选择结构的语句有两种，即if语句和switch语句。本章将介绍几个语句来实现选择结构程序设计。

4.1　关系运算与逻辑运算

4.1.1　关系运算及其表达式

所谓“关系运算”，实际上是“比较运算”。将两个值进行比较，判断比较的结果是否符合给定的条件。例如，“x＞y”中的“＞”表示一个大于关系运算，即将x与y进行比较，若x的值比y大，则大于关系运算“＞”的结果为真，即条件成立；反之，若x的值比y小，则大于关系运算“＞”的结果为假，即条件不成立。

1. 关系运算运算符

C语言提供了6种关系运算符：＜（小于）、＜＝（小于或等于）、＞（大于）、＞＝（大于或等于）、＝＝（等于）、（！＝）不等于。

注意：

（1）关系运算符都是双目运算符；

（2）＜＝、＞＝、＝＝、！＝的双符号之间没有空格；

（3）在C语言中，判断两数是否相等的“等于”关系运算符是双等号“＝＝”，而不是单等号“＝”（赋值运算符）。

2. 优先级

（1）在关系运算符中，前4个优先级相同，后2个也相同，且前4个高于后2个；

（2）与其它种类运算符的优先级关系；

关系运算符的优先级，低于算术运算符，但高于赋值运算符。即：

算术运算符 ↑ 高
关系运算符 |
赋值运算符 ↓ 低

例如:

```
c<a*b              等价于 c<(a*b)
a>=b==c            等价于(a>=b)==c
a=b!=c             等价于 a=(b!=c)
```

3. 关系表达式

所谓关系表达式是指用关系运算符将多个表达式连接起来的式子。关系表达式的一般形式为:表达式　关系运算符　表达式。例如:a+b>c-d,x>3/2,'a'+1<c,-i-5*j==k+1;都是合法的关系表达式。由于表达式也可以又是关系表达式,因此也允许出现嵌套的情况。

例如:

a>(b>c),a!=(c==d)等。

关系表达式的值是“真”和“假”,用“1”和“0”表示。

例如:设 a=4,b=5,c=6,则

①a>b 的值为 0;

②(a>b)!=c 的值为 1;

③(a<b)+c 的值为 7;

④a<b<c 的值为 1。

说明:

在表达式④中,若任意改变 a 或 b 的值,表达式的值不会改变,始终为 1。因为,无论 a 和 b 如何改变,a<b 的值非 0 即 1,始终都小于 c,故整个表达式的值不会改变。另外,如果 b 是一个介于 1～5 之间的变量,则表达式 1<b<5 的值仍然为 1,原因同上。需要注意的是,此表达式在语法上是合法的,但不能确定 b 的值。同时,若将其作为判断条件时,此书写方式是不允许的,因为在 C 语言中,没有连续使用关系运算符的判断表达式。如果确实有多个关系表达式,则需要使用逻辑运算符进行连接。例如 b>1&&b<5。

【例 4-1】分析以下程序的结果。

```
main()
{
char c='k';
int i=1,j=2,k=3;
float x=3e+5,y=0.85;
printf("%d,%d\n",'a'+5<c,-i-2*j>=k+1);
printf("%d,%d\n",1<j<5,x-5.25<=x+y);
printf("%d,%d\n",i+j+k==-2*j,k==j==i+5);
}
```

在本例中求出了各种关系运算符的值。字符变量是以它对应的 ASCII 码参与运算的。对于含多个关系运算符的表达式，如 k==j==i+5，根据运算符的左结合性，先计算 k==j，该式不成立，其值为 0，再计算 0==i+5，也不成立，故表达式值为 0。

4.1.2 逻辑运算及其表达式

用逻辑运算符将关系表达式或逻辑量连接起来的式子就是逻辑表达式。例如前面表达式"1<b<5"，就是需要描述"b>1"，同时"b<5"，但由于关系表达式只能描述单一条件，所以，就必须借助于逻辑表达式。

1. 逻辑运算符

(1)逻辑运算符：C 语言中提供了 3 种逻辑运算符：&&(逻辑与)、||(逻辑或)、!(逻辑非)。

(2)"&&"和"||"是双目运算符，要求有两个运算对象；而"!"是单目运算符，只要有一个运算对象。

例如，下面的表达式都是合法的逻辑表达式：

```
(x>=0) && (x<10)                                     /* x>=0 同时 x<10 */
(x<1) || (x>5)                                       /* x<1 或者 x>5 */
! (x == 0)                                           /* x 不等于 0 */
(year % 4 == 0)&&(year % 100! = 0)||(year % 400 == 0)  /* year 能被 4 整除同时 year
                                                        不能被 100 整除，或者 year
                                                        能被 400 整除 */
```

(3)逻辑运算符的运算规则。逻辑运算的值也为"真"和"假"两种，用"1"和"0"来表示。其求值规则如下：

①与运算"&&"参与运算的两个量都为真时，结果才为真，否则为假。例如，5>0 && 4>2，由于 5>0 为真，4>2 也为真，相与的结果也为真。

②或运算"||"参与运算的两个量只要有一个为真，结果就为真。两个量都为假时，结果为假。例如：5>0||5>8，由于 5>0 为真，相或的结果也就为真

③非运算"!"参与运算量为真时，结果为假；参与运算量为假时，结果为真。

例如：! (5>0)的结果为假。

虽然 C 编译在给出逻辑运算值时，以"1"代表"真"，"0"代表"假"。但反过来在判断一个量是为"真"还是为"假"时，以"0"代表"假"，以非"0"的数值作为"真"。例如：由于 5 和 3 均为非"0"因此 5&&3 的值为"真"，即为 1。又如：5||0 的值为"真"，即为 1。

(4)逻辑运算符的运算优先级和结合性

- 在 3 个逻辑运算符中，逻辑非的优先级最高，逻辑与次之，逻辑或最低，即：

!(非)　↑高
&&(与)　│
||(或)　↓低

- 逻辑运算符与其他种类运算符的优先关系：

! (非) ↑高
算术运算符
关系运算符
&&(与)
||(或)
赋值运算符 ↓低

- && 和||的结合性是“从左向右”,! 的结合性是“从右向左”。

2. 逻辑表达式

(1)逻辑表达式的概念。所谓逻辑表达式是指,用逻辑运算符将 1 个或多个表达式连接起来,进行逻辑运算的式子。在 C 语言中,用逻辑表达式表示多个条件的组合。

例如,前面出现过的(year%4==0)&&(year%100!=0)||(year%400==0)就是一个判断一个年份是否是闰年的逻辑表达式。

逻辑表达式的一般形式为:表达式 逻辑运算符 表达式。其中的表达式可以又是逻辑表达式,从而组成了嵌套的情形。例如:(a&&b)&&c。根据逻辑运算符的左结合性,上式也可写为:a&&b&&c 逻辑表达式的值是式中各种逻辑运算的最后值,以“1”和“0”分别代表“真”和“假”。

(2)逻辑量的真假判定。如前所述,C 语言中“逻辑真”用整数 1 表示,“逻辑假”用 0 表示。但在判断一个数据的“真”或“假”时,却以 0 和非 0 为根据:如果为 0,则判定为“逻辑假”;如果为非 0,则判定为“逻辑真”。例如,假设 num=12,则:! num 的值=0,num>=1&&num<=31 的值=1,num || num>31 的值=1。

数据的逻辑运算真值表如表 4-1 所示。

表 4-1 逻辑运算真值表

a	b	! a	! b	a&&b	a||b
非 0	非 0	0	0	1	1
非 0	0	0	1	0	1
0	非 0	1	0	0	1
0	0	1	1	0	0

说明:

(1)逻辑运算符两侧的操作数,除可以是 0 和非 0 的整数外,也可以是其它任何类型的数据,如实型、字符型等。

(2)在计算逻辑表达式时,只有在必须执行下一个表达式才能求解时,才求解该表达式(即并不是所有的表达式都被求解)。换句话说:

①对于逻辑与运算,如果第一个操作数被判定为“假”,系统不再判定或求解第二操作数。

②对于逻辑或运算,如果第一个操作数被判定为“真”,系统不再判定或求解第二操作数。

例如，假设 n1，n2，n3，n4，x，y 的值分别为 1，2，3，4，1，1，则求解表达式“(x＝n1＞n2)&&(y＝n3＞n4)”后，x 的值变为 0，而 y 的值不变，仍等于 1。

【例 4-2】 分析以下程序的结果。

```
main()
{
int a = 1,b = 1,c = 1;
 + +a|| + +b|| - -c;
printf("a = %d,b = %d,c = %d\n",a,b,c);
- -b&& + +a&& + +c;
printf("a = %d,b = %d,c = %d\n",a,b,c);
}
```

该程序的输出结果为：

```
a = 2,b = 1,c = 1
a = 2,b = 0,c = 1
```

请同学们自己去分析一下，为什么会是这样的结果。

4.2 if 语句

用 if 语句可以构成分支结构。它根据给定的条件进行判断，并根据判断的结果(True 或 False)以决定执行某个分支程序段。C 语言的 if 语句有三种基本形式。

4.2.1 单分支 if 语句

即为基本形式 if(表达式) 语句；其语义是：如果表达式的值为真，则执行其后的语句，否则不执行该语句。其语法格式如下：

if (表达式) 语句；

过程可表示如图 4-1 所示：

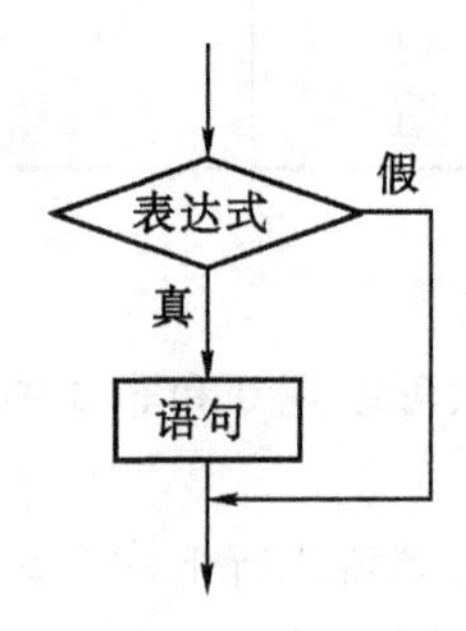

图 4-1　单分支 if 语句

其执行过程是：先计算“表达式”的值，如果该值不为 0，则表示条件为真，然后执行其后的“语句”；反之，若该值为 0，则表示条件为假，不执行其后的“语句”。

【例 4-3】 输入两个整数，输出其中的大数。

```
main()
{
int a,b,max;
printf("\n input two numbers: ");
scanf("%d%d",&a,&b);
max=a;
if (max<b) max=b;
printf("max=%d",max);
}
```

本例程序中，输入两个数 a，b。把 a 先赋值给变量 max，再用 if 语句判别 max 和 b 的大小，如 max 小于 b，则把 b 赋值给 max。因此 max 中总是大数，最后输出 max 的值。

4.2.2　双分支 if 语句

简单 if 语句只指出条件为“真”时做什么，而未指出条件为“假”时做什么。而用带 else 的 if 语句明确指出作为控制条件的表达式为“真”时做什么，为“假”时做什么。

其语法格式如下：

if (表达式) 语句 1；

else 语句 2；

该语句的执行过程是：先计算“表达式”的值，如果该值不等于 0，表示条件为真，则执行语句 1；反之，若“表达式”的值等于 0，表示条件为假，则执行语句 2。具体执行过程如图 4-2 所示。

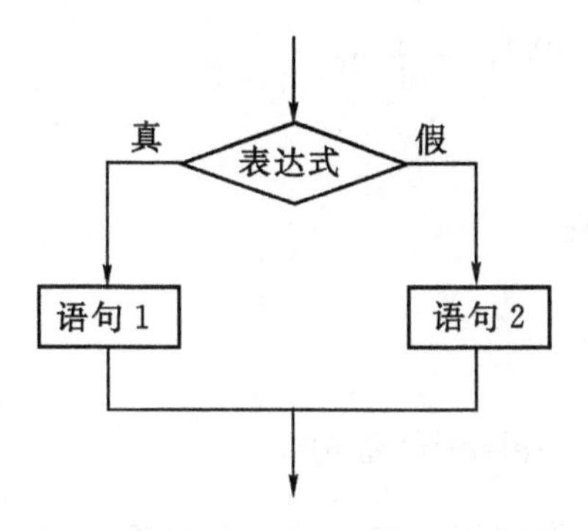

图 4-2　带 else 的 if 语句

在双分支 if 语句中，在 else 前面有一个分号，同时整个语句结束处有一个分号，这是同学们需要牢记的一点。例如：

```
if (a>b)
  printf("%d\n",x);
else
  printf("%d\n",x);
```

这是由于分号是 C 语句中不可缺少的部分，这个分号是 if 语句中的内嵌语句所要求的。

如果没有这个分号，则会出现语法错误。但同时应该记住，不要误认为上面是两个语句(if语句和else语句)，它们都属于同一个if语句。且else不能单独去引导语句，所以，else子句不能作为语句单独使用，它必须是if语句的一部分，与if配对使用。

在if和else后面可以只跟一个语句，也可以有多个语句，此时必须用大括号“{}”将几个语句扩起来形成一个复合语句。例如：

```
if (a>b)
  {
  t = a;a = b;b = t;
  printf(" %d/n",a);
  }
else
  printf(" %d\n",a);
```

其中，在第5行中的花括号“}”外面不需要加分号。因为“{}”内是一个完整的复合语句，不需要再添加分号。

【例4-4】判断某数是否能被k整除。

```
main ( )
{
int a,k;
printf("Please Input Two Number:\n");
scanf (" %d, %d ", &a, &k);
if(a %k == 0) printf (" %d/ %d yes\n", a, k);
else printf (" %d/ %d no\n", a, k);
}
```

程序运行结果如下：

```
Please Input Two Number:
12,3↙
12/3 yes
```

4.2.3 多分支if(即if-else-if)语句

前二种形式的if语句一般都用于两个分支的情况。当有多个分支选择时，可采用if-else-if语句，其一般形式为：

```
if(表达式1)语句1;
  else if(表达式2)        语句2;
  else if(表达式3)        语句3;
            …
  else if(表达式m)        语句m;
            else          语句n;
```

其语义是：依次判断表达式的值，当出现某个值为真时，则执行其对应的语句。然后跳到整个 if 语句之外继续执行程序。如果所有的表达式均为假，则执行语句 n。然后继续执行后续程序。if-else-if 语句的执行过程如图 4－3 所示。

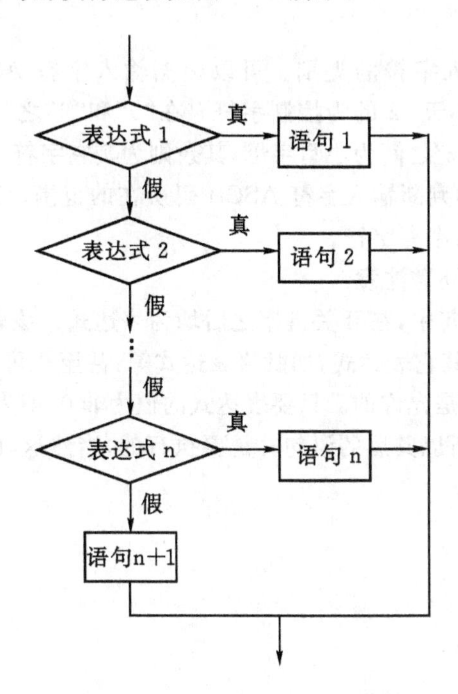

图 4－3　多分支 if 语句执行过程

该过程可以这样描述：先计算“表达式 1”的值，如果为真，执行“语句 1”；否则，计算“表达式 2”的值，如果为真，执行“语句 2”；…，否则，计算“表达式 n”的值，如果为真，执行“语句 n”；否则，执行“语句 n+1”。

【例 4－5】判断输入字符的类别。

```
#include "stdio.h"
main()
{
char c;
printf("input a character: ");
c = getchar();
if(c<32)
printf("This is a control character\n");
else if(c>='0'&&c<='9')
printf("This is a digit\n");
else if(c>='A'&&c<='Z')
printf("This is a capital letter\n");
else if(c>='a'&&c<='z')
printf("This is a small letter\n");
```

```
else
printf("This is an other character\n");
}
```

本例要求判别键盘输入字符的类别。可以根据输入字符 ASCII 码来判别类型。由 ASCII 码表可知 ASCII 值小于 32 的为控制字符。在"0"和"9"之间的为数字,在"A"和"Z"之间为大写字母,在"a"和"z"之间为小写字母,其余则为其它字符。这是一个多分支选择的问题,用 if-else-if 语句编程,判断输入字符 ASCII 码所在的范围,分别给出不同的输出。例如输入为"g",输出显示它为小写字符。

最后,在使用 if 语句时还需注意:

(1)在三种形式的 if 语句中,在 if 关键字之后均为表达式。该表达式通常是逻辑表达式或关系表达式,但也可以是其它表达式,如赋值表达式等,甚至也可以是一个变量。例如:if(a=5) 语句;if(b) 语句;都是允许的。只要表达式的值为非 0,即为"真"。如在 if(a=5)…;中表达式的值永远为非 0,所以其后的语句总是要执行的,当然这种情况在程序中不一定会出现,但在语法上是合法的。

又如,有程序段:

```
if(a = b)
printf(" %d",a);
else
printf("a = 0");
```

本语句的语义是,把 b 值赋予 a,如为非 0 则输出该值,否则输出"a=0"字符串。这种用法在程序中是经常出现的。

(2)在 if 语句中,条件判断表达式必须用括号括起来,在语句之后必须加分号。

4.2.4 if 语句的嵌套

当 if 语句中的执行语句又是 if 语句时,则构成了 if 语句嵌套的情形。其一般形式可表示如下:

```
if (表达式)
  if 语句;
```

或者为

```
if (表达式)
  if 语句;
else
  if 语句;
```

在嵌套内的 if 语句可能又是 if—else 型的,这将会出现多个 if 和多个 else 重叠的情况,这时要特别注意 if 和 else 的配对问题。例如:

```
if (表达式 1)
  if (表达式 2)
语句 1;
else
```

语句 2；

其中的 else 究竟是与哪一个 if 配对呢？

应该理解为：

```
if (表达式 1)
  if (表达式 2)
    语句 1；
else
    语句 2；
```

还是应理解为：

```
if (表达式 1)
    if (表达式 2)
      语句 1；
    else
      语句 2；
```

为了避免这种二义性，C 语言规定，else 与 if 配对采用“就近原则”，即 else 总是与它前面最近的 if 配对，因此对上述例子应按后一种情况理解。

【例 4-6】 比较两个数的大小关系。

```
main()
{
int a,b;
printf("please input A,B: ");
scanf("%d%d",&a,&b);
if(a! = b)
if(a>b) printf("A>B\n");
else printf("A<B\n");
else printf("A = B\n");
}
```

本例中用了 if 语句的嵌套结构。采用嵌套结构实质上是为了进行多分支选择，用 if-else-if 语句来完成，过程清晰。因此，在一般情况下较少我们一般在 else 子句中嵌套 if 语句，而不会在 if 语句中采用嵌套结构。以使程序更便于阅读理解。

【例 4-7】 编写一个程序，根据用户输入的三角形的三条边长判定时何种三角形，并且对于有效三角形，求其面积。

```
#include "math.h"
main()
{
float a,b,c,s,area;
printf("Please Input a,b,c:\n");
scanf("%f,%f,%f,",&a,&b,&c);
if (a+b>c && b+c>a && c+a>b)            /*任意两边之和大于第三边*/
  {
  s = (a+b+c)/2;
  area = sqrt(s*(s-a)*(s-b)*(s-c));
  printf("area = %6.2f\n",area);
    if (a == b && b == c)
```

```
        printf("等边三角形\n");
      else
        if (a==b || b==c || c==a)
          printf("等腰三角形\n");
        else
          if ((a*a+b*b==c*c) || (b*b+c*c==a*a) || (c*c+a*a==b*b))
            printf("直角三角形\n");
          else printf("一般三角形\n");
    }
  else
  printf("不能组成三角形\n");
  }
```

4.3 switch语句

C语言还提供了另一种用于多分支选择的switch语句，switch结构与if-else-if结构是多分支选择的两种形式。它们的应用环境不同：if-else-if用于对多条件进行并列测试，从中取一的情形switch结构用于为单条件测试，从其多种结果中取一种的情形。

其一般形式为：

```
switch (表达式)
{
case 常量表达式1: 语句1;
case 常量表达式2: 语句2;
…
case 常量表达式n: 语句n;
default : 语句n+1;
}
```

其执行过程是：先计算“表达式”的值，它一定是一个整型值，并逐个与其后的常量表达式值相比较，当表达式的值与某个常量表达式的值相等时，即执行其后的语句，然后不再进行判断，继续执行后面所有case后的语句；若表达式的值与所有case后的常量表达式均不相同时，则执行default后的语句；若没有default子句，则该switch语句无结果，相当于空语句。其执行过程如图4-4所示。

在case后的每个语句，既可以是单语句，也可以是复合语句。case常量表达式和default子句可以按任何次序出现，其次序不会改变控制流程。

【例4-8】分析一下程序的输出结果。

```
main()
{
int a;
```

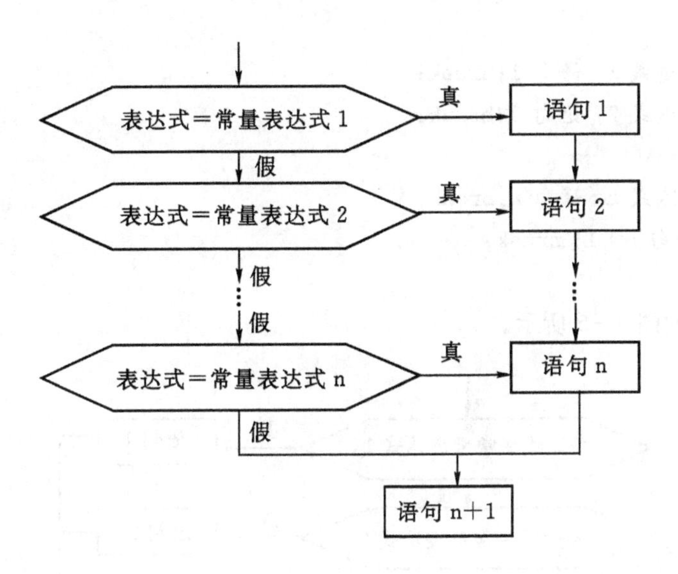

图 4－4　switch 语句执行过程(不带 break 语句)

```
printf("input integer number: ");
scanf("%d",&a);
switch (a)
{
case 1:printf("Monday\n");
case 2:printf("Tuesday\n");
case 3:printf("Wednesday\n");
case 4:printf("Thursday\n");
case 5:printf("Friday\n");
case 6:printf("Saturday\n");
case 7:printf("Sunday\n");
default:printf("error\n");
}
}
```

本程序是要求输入一个数字,输出一个英文单词。但是当输入 3 之后,却执行了 case 3 以及以后的所有语句,输出了 Wednesday 及以后的所有单词。这当然是不希望的。为什么会出现这种情况呢？这恰恰反应了 switch 语句的一个特点。在 switch 语句中,“case 常量表达式”只相当于一个语句标号,表达式的值和某标号相等则转向该标号执行,但不能在执行完该标号的语句后自动跳出整个 switch 语句,所以出现了继续执行所有后面 case 语句的情况。这是与前面介绍的 if 语句完全不同的,应特别注意。为了避免上述情况,C 语言还提供了一种 break 语句,专用于跳出 switch 语句,break 语句只有关键字 break,没有参数。一般地,使用带 break 语句的 switch 语句格式如下:

```
switch (表达式)
```

```
{
case 常量表达式 1: 语句 1;break;
case 常量表达式 2: 语句 2;break;
…
case 常量表达式 n: 语句 n;break;
default : 语句 n+1; break;
}
```

其执行结果如图 4-5 所示。

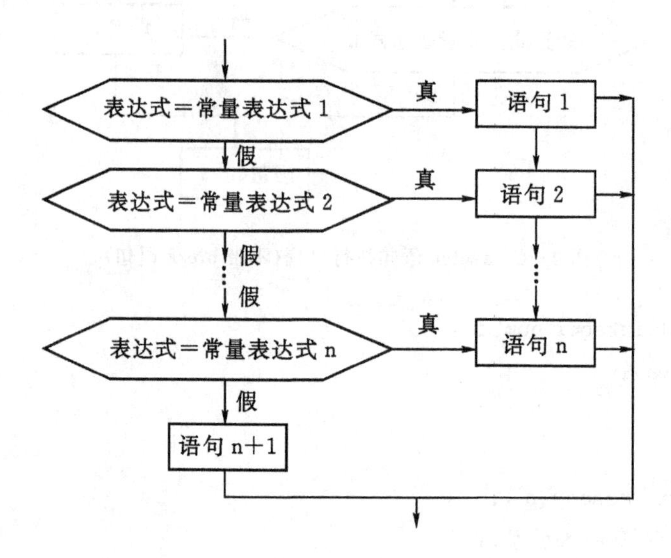

图 4-5 switch 语句执行过程(带 break 语句)

在每个语句后面加了“break”语句后，可以使表达式的值等于某个常量后，执行完相应的语句后，强制退出 switch 结构，避免输出不必要的结果。如上例可以改成：

```
main(){
int a;
printf("input integer number: ");
scanf("%d",&a);
switch (a){
case 1:printf("Monday\n");break;
case 2:printf("Tuesday\n"); break;
case 3:printf("Wednesday\n");break;
case 4:printf("Thursday\n");break;
case 5:printf("Friday\n");break;
case 6:printf("Saturday\n");break;
case 7:printf("Sunday\n");break;
default:printf("error\n");
```

```
    }
}
```

执行的时候可以发现：输入 3 之后，只执行了 case 3 相应的语句，结果也只输出了 Wednesday。

在使用 switch 语句时还应注意以下几点：

(1)在 case 后的各常量表达式的值不能相同，否则会出现错误。

(2)在 case 后，允许有多个语句，可以不用{}括起来。

(3)各 case 和 default 子句的先后顺序可以变动，而不会影响程序执行结果。

(4)default 子句可以省略不用。程序举例

【例 4-9】输入三个整数，输出最大数和最小数。

```
main()
{
int a,b,c,max,min;
printf("input three numbers: ");
scanf("%d%d%d",&a,&b,&c);
if(a>b)
{max=a;min=b;}
else
{max=b;min=a;}
if(max<c)
max=c;
else
if(min>c)
min=c;
printf("max=%d\nmin=%d",max,min);
}
```

本程序中，首先比较输入的 a,b 的大小，并把大数装入 max，小数装入 min 中，然后再与 c 比较，若 max 小于 c，则把 c 赋予 max；如果 c 小于 min，则把 c 赋予 min。因此 max 内总是最大数，而 min 内总是最小数。最后输出 max 和 min 的值即可。

【例 4-10】编写一个计算器程序：用户输入运算数和四则运算符，输出计算结果。

```
main(){
float a,b,s;
char c;
printf("input expression: a+(-,*,/)b \n");
scanf("%f%c%f",&a,&c,&b);
switch(c){
case '+': printf("%f\n",a+b);break;
case '-': printf("%f\n",a-b);break;
```

```
case '*': printf("%f\n",a*b);break;
case '/': printf("%f\n",a/b);break;
default: printf("input error\n");
}
}
```

本例可用于四则运算求值。switch 语句用于判断运算符，然后输出运算值。当输入运算符不是+,-,*,/时给出错误提示。

4.4 本章小结

1. C 语言提供 6 中关系运算符：<(小于)、<=(小于或等于)、>(大于)、>=(大于或等于)、==(等于)、(!=)不等于。用关系运算符将两个表达式连接起来的式子，称为关系表达式。C 语言提供 3 中逻辑运算符：&&(逻辑与)、||(逻辑或)、!(逻辑非)。使用这些逻辑运算符可以将关系表达式或逻辑量连接起来。

2. 根据某种条件的成立与否而采用不同的程序段进行处理的程序结构称为选择结构。选择结构又可分为简单分支(两个分支)和多分支两种情况。一般，采用 if 语句实现简单分支结构程序，用 switch 和 break 语句实现多分支结构程序。虽然用嵌套 if 语句也能实现多分支结构程序，但用 switch 和 break 语句实现的多分支结构程序更简洁明了。

3. if 语句的控制条件通常用关系表达式或逻辑表达式构造，也可以用一般表达式表示。因为表达式的值非零为“真”，零为“假”。所以具有值的表达式均可作 if 语句的控制条件。if 语句有简单 if 和 if-else 两种形式，它们可以实现简单分支结构程序。采用嵌套 if 语句还可以实现较为复杂的多分支结构程序。在嵌套 if 语句中，一定要搞清楚 else 与哪个 if 结合的问题。C 语言规定，else 与其前最近的同一复合语句的不带 else 的 if 结合。书写嵌套 if 语句往往采用缩进的阶梯式写法，目的是便于看清 else 与 if 结合的逻辑关系，但这种写法并不能改变 if 语句的逻辑关系。

4. switch 语句只有与 break 语句相结合，才能设计出正确的多分支结构程序。break 语句通常出现在 switch 语句或循环语句中，它能轻而易举地终止执行它所在的 switch 语句或循环语句。虽然用 switch 语句和 break 语句实现的多分支结构程序可读性好，逻辑关系一目了然，但是使用 switch(k)的困难在于其中的 k 表达式的构造。

第5章 循环结构程序设计

循环是指在一定条件下一组语句的重复执行。计算机运算速度快，善于进行重复性的工作。在设计程序时，人们也总是把复杂的、不易理解的求解过程转换为易于理解的、操作简单的多次重复过程。循环是计算机解题的一个重要特征，许多实际问题中经常使用循环结构程序，例如输入全班同学的成绩、求若干数之和等都要使用到循环结构来控制，这样一方面可以降低问题的复杂性，减少程序书写的工作量，同时还可以发挥计算机能自动执行程序的优势。

在C语言中，提供了 while 语句、do-while 语句、for 语句和 goto 语句用于实现循环结构。

5.1 循环的基本概念

循环结构是程序中一种很重要的结构。其特点是，在给定条件成立时，反复执行某程序段，直到条件不成立为止。给定的条件称为循环条件，反复执行的程序段称为循环体。

例如：求 n 个数的和(以 s＝1＋2＋3＋…＋n 为例)：

(1)我们可以用：s＝1＋2＋3＋…＋n

显然，当 n 较大时，这种方法不实用，且在C语言中不连加是不允许的。

(2)我们采用每次两个数相加的方法：

s＝0；

s＝s＋1；

s＝s＋2；

……

s＝s＋n；

这种方法需要改造才能达到实用，我们将其改写成(设 n＝100)：

s＝0；i＝1；

s＝s＋i；i＝i＋1；(s＝0＋1；i＝2)

s＝s＋i；i＝i＋1；(s＝1＋2；i＝3)

……

s＝s＋i；i＝i＋1；(s＝4950＋100；i＝101)

这样就始终只有两个数相加，再仔细分析一下，发现每加一个数都要重复“s＝s＋i；i＝i＋1；”两个步骤，并且在 i 的值超过 100 时停止计算。

所以，我们可将上述过程总结归纳为：

s＝0；i＝1；

当 i≤n 时，重复执行以下程序段：

s=s+i;

i=i+1;

可以看到,这种方法有效地克服了第一种方法的缺点,无论 n 有多大,执行的程序段不变,只是重复执行的次数变化而已。

像这样重复做某件事的现象称为"循环"。C程序的循环结构就是在满足循环条件时,重复执行某程序段,直到循环条件不满足为止。重复执行的程序段称为循环体。

循环结构有两种形式:"当型"循环和"直到型"循环。

1."当型"循环

首先判断循环控制表达式是否为"真",若为"真",则反复执行循环体。若为"假",则结束循环。如图5-1所示。

2."直到型"循环

首先执行循环体,然后才判断循环控制表达式,若为"真",则反复执行循环体;直到循环控制表达式为"假"时结束循环。如图5-2所示。

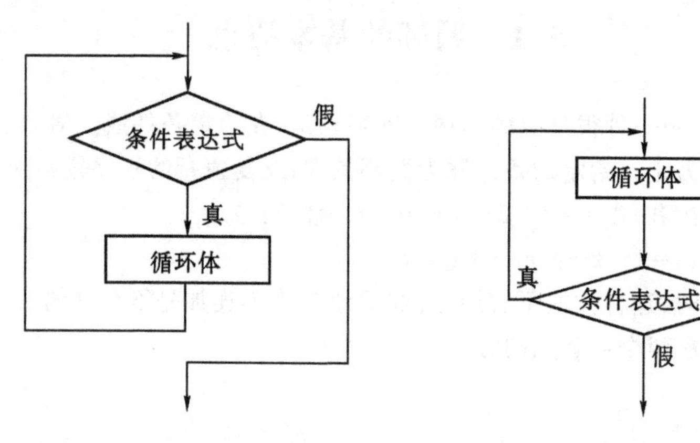

图5-1　当型循环结构示意图　　图5-2　直到型循环示意图

C语言中的"当型"循环语句有 while 语句和 for 语句;do-while 语句则可以实现"直到型"循环。

5.2　while 语句

while 语句用来实现当型循环,使用格式如下:

while　(表达式)

循环体语句;

功能:首先计算表达式的值,若为"真",则执行循环体语句,执行完毕后,再计算表达式的值,若仍为"真",则重复执行循环体语句。直到表达式的值为"假"时,结束 while 语句的执行,继续执行 while 语句后面的语句。说明:

① 表达式是控制循环的条件,它可以是任何类型的表达式;

② 循环体语句语法上定义为一条语句,若循环体含有多条语句,则必须用大括号把它

们括起来，成为复合语句；

③ while 语句的特点是：先判断，后执行。若表达式一开始就为“假”，则循环一次也不执行。

【例 5-1】 计算 s=1+2+3+…+100

```
main ( )
{
int s,i;
s = 0;
i = 1;
while (i< = 100)
{
s = s + i;
i + + ;
}
printf ("1 + 2 + 3 + … + 100 = %d\n", s);
}
```

运行程序：

输出：1 + 2 + 3 + … + 100 = 5050

while 语句是循环语句，检测循环控制条件及重复执行循环体的功能集于一身。

注意：

①while 后面的“表达式”的小括号不能省略

②while 语句的循环体中必须出现使循环趋于结束的语句，否则，会出现“死循环”的现象（即循环永远不会结束）。

例如，将本例中的 i++；语句删除，则 i 的值永远为 1；或将 i++；语句改为 i--；，则 i 的值越来越小，即循环控制条件 i<=100 永远满足，循环将永远不会结束。由于 i 的值实际上决定循环是否进行，所以把这类变量称为“循环控制变量”或“循环变量”。

③ 若循环体含有多条语句，则必须用大括号把它们括起来，成为复合语句，否则，将只把其中第一条语句当作循环体语句执行。

例如，将本例中的{s=s+i;i++;}大括号去掉，则执行的循环体语句只有 s=s+i;于是，i 的值保持不变，导致“死循环”。

④ 循环体中语句顺序也很重要。例如，本例中若把循环体中的两条语句的位置颠倒：

```
i++;
s=s+i;
```

则最后输出：1+2+3+…+100=5150，显然是错误的结果。这是因为 i 的初值为 1，循环体中先执行 i++;，后执行 s=s+i;，所以第一次累加的是 2，而不是 1。执行最后一次循环(i=100)时，先执行 i++;，则 i=101，再执行 s=s+i;，所以最后一次累加的是 101。即实际计算的是：2+3+…+100+101=5150。

【例 5-2】 计算 s=1+1/2+1/3+…+1/100。

```
main()
{
int i;float s;
s = 0;
i = 1;
while (i< = 100)
{s + = 1.0/i;
i + + ;
}
printf ("s = % f\n", s);
}
```

5.3　do-while 语句

do-while 语句可以设计“直到型”循环结构程序。

do-while 语句形式：

do 循环体语句

while (表达式)；

功能：首先执行循环体语句，然后检测循环控制条件表达式的值，若为“真”，则重复执行循环体语句，否则退出循环。如图 5 - 3 所示。

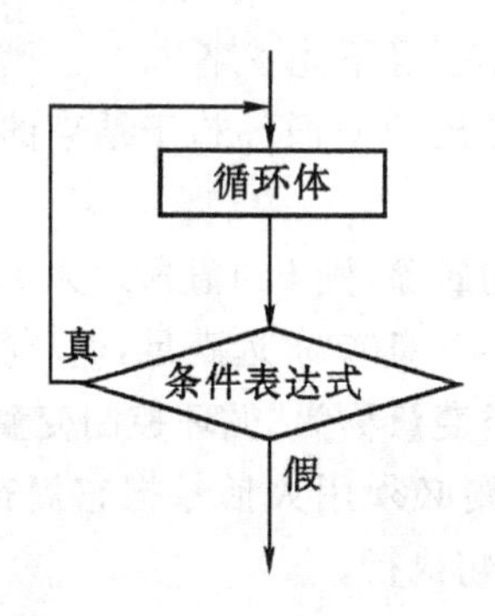

图 5 - 3　do-while 循环示意图

说明：

① do-while 语句的表达式是任意表达式，是控制循环的条件；

②在 C 语言中的 do-while 语句是在“表达式”的值为“真”时重复执行循环体，这一点同别的语言中的类似语句有区别的(如在 VB 中的直到型循环是条件表达式的值为“假”时重复执行循环体)。同学们请注意图 5 - 1 与图 5 - 3 之间的不同。

③如果 do-while 语句中的循环体是由多个语句组成的话，则必须用大括号括起来，使其形成复合语句；

④do-while 语句的特点：先执行后判断，这一点同 while 语句是有区别的，do-while 语句

和 while 语句的区别在于 do-while 是先执行后判断，因此 do-while 至少要执行一次循环体。而 while 是先判断后执行，如果条件不满足，则一次循环体语句也不执行。

while 语句和 do-while 语句一般都可以相互改写。例如，例【5 - 1】可改写成如下形式。

【例 5 - 3】 计算 s＝1＋2＋3＋…＋100

```
main ( )
{
int s,i;
s = 0;
i = 1;
do
{
s = s + i;
i + + ;
}
while (i< = 100);
printf ("1 + 2 + 3 + … + 100 = %d\n", s);
}
```

注意：

在 if 语句和 while 语句中，表达式后面都不能加分号，而在 do-while 语句的表达式后面则必须加分号。

【例 5 - 4】 分析以下两个程序的不同点与运行结果

程序(1)

```
main()
{
int s,i;
s = 0;i = 10;
while (i<10)
{
s = s + i;i = i - 1;
}
pirntf("s = %d\n",s);
}
```

程序(2)

```
main()
{
    int s,i;
    s = 0;i = 10;
    do
{
    s = s + i;i = i - 1;
}while (i<10)
printf("s = %d\n",s);
```

注意：

此例主要是考查同学们对与 while 循环和 do-while 循环的理解，程序(1)用的是 while 循环，while 循环的特点是“先判断，后执行”，所以程序(1)中的循环体语句将一次也不会被执行到；程序(2)用的是 do-while 循环，do-while 循环的特点是“先执行，后判断”，所以程序(2)中的的循环体将最少会被执行一次，但由于该循环体内并没有使循环判定条件趋于“假”的语句，该程序是一个“死循环”。

【例 5-5】求 n!。

s=n!=1*2*3*…*(n-1)*n

这是若干项的连乘问题。与求和的算法类似，连乘问题的算法可以归纳为：

s=1

s=s*i (i=1, 2,…, n)

这里 s 的初值定为 1，这是为了保证做第一次乘法后，s 中存放第一项的值，且任何数乘以 1 其值都不会改变。

```
main ( )
{
int i, n;
long s;
s=1;
i=1;
printf ("Please input n:\n");
scanf (" %d", &n );
do
{s* =i;
i+ +;}
while (i<=n);
printf (" %d! = %ld\n", n, s);
}
```

运行程序：

```
Please input n:
输入:4↙
输出:4!  = 24
```

由于阶乘的结果通常都比较大，比如 8!=40320，就已经超出了 int 的最大范围(32767)，所以，这里没有把 s 定义为 int 类型，而是定义为 long 类型，以免产生数据的溢出。

【例 5-6】计算 π 的近似值。公式如下：

$\pi/4 \approx 1-1/3+1/5-1/7+\cdots$。直到累加项的绝对值小于 10^{-4} 为止(即求和的各项的绝对值均大于等于 10^{-4})

本例仍然可以看作若干项累加的问题，只是累加的项的符号正负交替出现。若不考虑正负号，用下列程序段完成求和：

```
s=0; i=1;
do
  {s+ =1.0/i;
   i+ =2;
  }
while(1.0/i>=1.e-4);
```

为了反映各项的正负号，用 k * 1.0/i 表示要累加的项，其中 k 是 1 或 −1。i=1 时，累加项是 1.0/1，所以 k=1；i=3 时，累加项是 −1.0/3，所以 k=−1；……正负号总是交替出现，第一项为正数，故 k 的初值为 1，以后每累加一项就执行 k=−k；语句，使 k 的值交替为 1 或 −1。

```
main ( )
{
int i, k; float s;
s = 0; k = 1; i = 1;
do
{ s + = k * 1.0/i;
  i + = 2;
  k = - k;                  /* 下一项的符号 */
}
while(1.0/i> = 1.e - 4);    /* 累加项的绝对值必须大于或等于10^-4 */
s = 4 * s;                  /* 因为π/4的值为s,所以π的值是4*s */
printf ("pai = % f\n", s);
}
```

运行程序：

输出：pai = 3.141397

下面是运行过程中变量 i、k 和 s 的变化情况：

i	k	s = s + k * 1.0/ i
1	1	0 + 1 * 1/1 = 1
3	- 1	1 + (- 1) * 1/3 = 0.6666
5	1	0.6666 + 1 * 1/5 = 0.8666
……	……	……
9999	- 1	0.7854 + (- 1) * 1/9999 = 0.7853

【例 5 - 7】求自然对数的底 e 的近似值。使用泰勒级数展开式：

e≈1 + 1/1! + 1/2! + 3/3! + … + 1/N!，直到最后一项的绝对值小于 10^{-4} 为止。

```
#include<math.h>
main()
{
int i = 1;
float e,a,t;
e = 1;a = 1;t = 1;
do
{
a = a * i;
i + + ;
```

```
t=1/a;
e=e+t;
}while (fabs(t)>=1e-4);
printf("e=%f\n",e);
}
```

该程序分析请同学们自己完成。

5.4　for语句

for语句是C语言所提供的功能更强，使用更广泛的一种循环语句。其一般形式为：

for(表达式1;表达式2;表达3)

语句;

表达式1　通常用来给循环变量赋初值，一般是赋值表达式。也允许在for语句外给循环变量赋初值，此时可以省略该表达式。

表达式2　通常是循环条件，一般为关系表达式或逻辑表达式。

表达式3　通常可用来修改循环变量的值，一般是赋值语句。

这三个表达式都可以是逗号表达式，即每个表达式都可由多个表达式组成。三个表达式都是任选项，都可以省略。

一般形式中的“语句”即为循环体语句。for语句的语义是：

(1)首先计算表达式1的值。

(2)再计算表达式2的值，若值为真(非0)则执行循环体一次，否则跳出循环。

(3)然后再计算表达式3的值，转回第2步重复执行。在整个for循环过程中，表达式1只计算一次，表达式2和表达式3则可能计算多次。循环体可能多次执行，也可能一次都不执行。for语句的执行过程如图5-4所示。

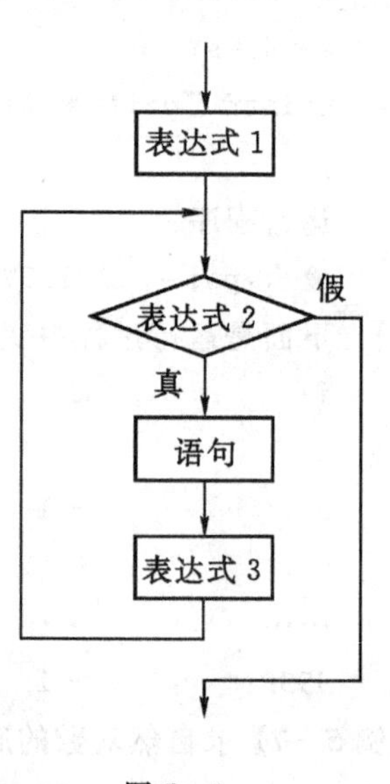

图5-4

(4)以下for循环语句：

```
for (表达式1;表达式2;表达式3)
语句;
```

等价于以下while循环语句：

```
表达式1;
while (表达式2)
{
表达式3;
语句;
```

```
}
```

【例 5-8】用 for 语句计算 s=1+2+3+…+99+100。

```
main()
{
int n,s = 0;
for(n = 1;n< = 100;n+ + )
s = s + n;
printf("s = %d\n",s);
}
```

本例 for 语句中的表达式 3 为 n++，实际上也是一种赋值语句，相当于 n=n+1，以改变循环变量的值。

【例 5-9】从 0 开始，输出 n 个连续的偶数。

```
main()
{
int a = 0,n;
printf("\n input n: ");
scanf(" %d",&n);
for(;n>0;a+ + ,n- - )
printf(" %d ",a * 2);
}
```

本例的 for 语句中，表达式 1 已省去，循环变量的初值在 for 语句之前由 scanf 语句取得，表达式 3 是一个逗号表达式，由 a++，n-- 两个表达式组成。每循环一次 a 自增 1，n 自减 1。a 的变化使输出的偶数递增，n 的变化控制循次数。

在使用 for 语句中要注意以下几点。

(1)for 语句中的各表达式都可省略，但分号间隔符不能少。如：for(;表达式;表达式)省去了表达式 1，for(表达式;;表达式)省去了表达式 2，for(表达式;表达式;)省去了表达式 3。for(;;)省去了全部表达式。

(2)在循环变量已赋初值时，可省去表达式 1。

```
main(){
int n,s;
n = 1;s = 0;
for (;n< = 100;n+ + )
s = s + n;
printf("s = %d\n",s);
}
```

(3)如省去表达式 2 或表达式 3 则将造成无限循环，这时应在循环体内设法结束循环。

```
main(){
 int a = 0,n;
```

```
printf("\n input n: ");
scanf(" %d",&n);
for(;n>0;)
{ a++;n--;
printf(" %d ",a*2);
}
}
```

本例中省略了表达式1和表达式3,由循环体内的n——语句进行循环变量n的递减,以控制循环次数。

(4)for语句的表达式全部省去。由循环体中的语句实现循环变量的递减和循环条件的判断。当n值为0时,由break语句中止循环,转去执行for以后的程序。在此情况下,for语句已等效于while(1)语句。如在循环体中没有相应的控制手段,则造成死循环。

```
main(){
int a=0,n;
printf("\n input n: ");
scanf(" %d",&n);
for(;;)
{
a++;n--;
printf(" %d ",a*2);
if(n==0)break;          /* break,强制结束循环语句 */
}
}
```

本例中for语句的表达式全部省去。由循环体中的语句实现循环变量的递减和循环条件的判断。当n值为0时,由break语句中止循环,转去执行for以后的程序。在此情况下,for语句已等效于while语句。如在循环体中没有相应的控制手段,则造成死循环。

(5)循环体可以是空语句。

```
#include"stdio.h"
main(){
int n=0;
printf("input a string:\n");
for(;getchar()!='\n';n++);
printf(" %d",n);
}
```

本例中,省去了for语句的表达式1,表达式3也不是用来修改循环变量,而是用作输入字符的计数。这样,就把本应在循环体中完成的计数放在表达式中完成了。因此循环体是空语句。应注意的是,空语句后的分号不可少,如缺少此分号,则把后面的printf语句当成循环体来执行。反过来说,如循环体不为空语句时,决不能在表达式的括号后加分号,这样又会认为循环体是空语句而不能反复执行。这些都是编程中常见的错误,要十分注意。

(6)for 语句也可与 while、do-while 语句相互嵌套,构成多重循环。

【例 5-10】分析以下程序结果。

```
main(){
int i,j,k;
for(i=1;i<=3;i++)
{ for(j=1;j<=3-i+5;j++)
printf(" ");
for(k=1;k<=2*i-1+5;k++)
{
if(k<=5) printf(" ");
else printf("*");
}
printf("\n");
}
}
```

该程序的运行结果如下,关于循环嵌套,我们会在 5.8 节详细介绍。

5.5　break 和 continue 语句

为了使循环更加灵活,C 语言提供了 break 和 continue 语句,允许在条件成立时使用 break 语句强行结束循环,或使用 continue 语句跳过循环体尚未执行的语句,转向循环继续条件的判定语句。

break 和 continue 语句的一般格式如下:

```
break;
continue;
```

其中,break 语句只能用在 switch 语句或循环语句中,其作用是跳出 switch 语句或跳出本层循环,转去执行后面的程序。由于 break 语句的转移方向是明确的,所以不需要语句标号与之配合使用 break 语句可以使循环语句有多个出口,在一些场合下使编程更加灵活、方便;而 continue 语句的功能是:对于 for 循环,跳过循环体尚未执行的语句,转向循环变量增量表达式的计算,对于 while 和 do-while 循环,同样也是跳过循环体尚未执行的语句,转向循环继续条件的判定语句。

所以,break 和 continue 语句对循环控制的影响是不同的:continue 语句只结束本次循环,而不是终止整个循环的执行;而 break 语句则是结束整个循环过程,不再执行循环条件的判定语句。同学们请看以下两个循环结构以及它们对应的流程图:

```
(1)while (表达式 1)
{
语句 1;
if (表达式 2) break;
语句 2;
}
```

```
(2)while (表达式 1)
{
语句 1;
if (表达式 2) continue;
语句 2;
}
```

循环结构(1)使用了 break 语句,其流程图如图 5-5 所示,循环结构(2)使用了 continue 语句,其流程图如图 5-6 所示。请同学们注意两个图中当"表达式 2"值为真时流程图的转向是不同的。尤其要注意的是 break 语句,它表示从循环体内跳出来。而循环可以嵌套,但 break 语句不能同时跳出多层循环。

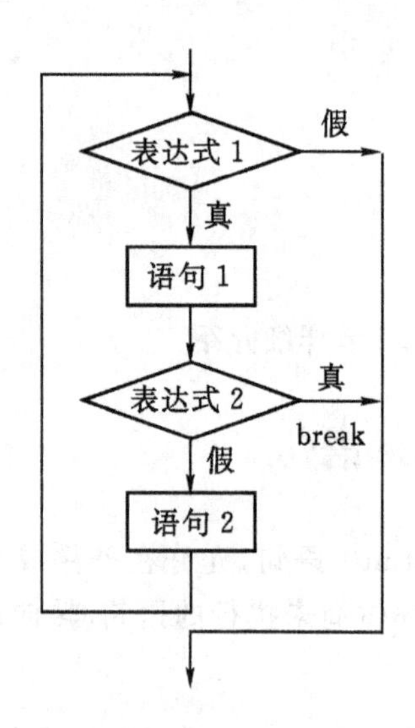

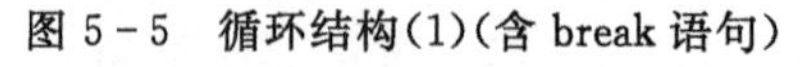
图 5-5　循环结构(1)(含 break 语句)

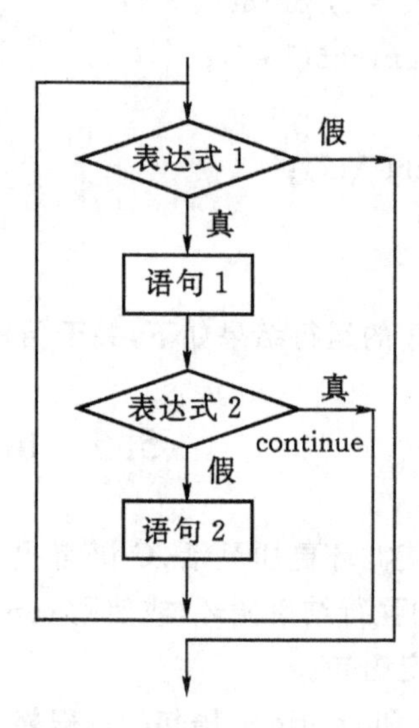

图 5-6　循环结构(2)(含 continue 语句)

【例 5-11】说明以下两个程序段的不同点。

程序段 1:

```
int i,n = 0;
for (i = 0;i<10;i + +)
{
n+ +
if (i>5) break;
}
printf("i = %d,n = %d\n",i,n);
```

程序段 2:

```
    int i,k = 0,n = 0;
    for (i = 0;i<10;i + +)
{
n+ +
    if (i>5) continue;
k+ +;
    }
printf("i = %d,k = %d,n = %d\n",i,n);
```

分析:

这两个程序段在循环体中分别使用了 break 和 continue 语句,根据图 5－6 和图 5－7 我们不难得出:使用了 break 语句的程序段 1 将在 i>5 时退出循环结构,执行输出语句,结果是：i=6，n=7；使用了 continue 语句的程序段 2 在 i>5 以后将不再执行循环体中尚未执行的语句“k++”，但并不会退出循环结构，而是转向循环变量增量表达式的计算，结果是：i=10，k=6，n=10。

【例 5-12】说明以下两个程序段的不同点。

程序段 1：

```
int i,n = 0;
for (i = 0;i<10;i + + )
{
n + + ;
if (i>5) continue;
}
printf("i = %d,n = %d\n",i,n);
```

程序段 2：

```
int i,n = 0;
while (i<10)
{
n + +
if (i>5) continue;
i + + ;
}
printf("i = %d,n = %d\n",i,n);
```

分析：

从表面上看，这两个程序段的功能是相同的，只是将程序段 1 中的 for 语句用相应的 while 语句给替换掉了。

确实，如果这两个程序段中没有 continue 语句或将 continue 语句换成 break 语句，这两个程序段的功能是相同的。但 continue 语句的功能是退出本次循环，重新开始下一次，对于 for 循环，表达式 3 不包含在循环体中，所以会在下次循环体之前执行表达式 3，而 while 循环中没有表达式 3。

对于程序段 1，执行 for 语句，当 i=6 时，满足 if 条件，执行 continue 语句，执行 i++，i 值变为 7，又满足 if 条件，转向执行下一次循环，如此直到表达式 2(i<10)不再成立，最后 i=10，n=10；

对于程序段 2，执行 while 语句，当 i=6 满足 if 条件，执行 continue 语句，i 值仍为 6，执行下一次循环，满足 if 条件，执行 continue 语句，i 值依然为 6，再执行下一次循环，……，如此反复，i 值始终为 6，6<10 永远成立，形成了死循环。

【例 5-13】编写一程序，输出 1～50 中所有不能同时被 3，5，7 整除的奇数。

分析：

采用 for 循环语句，i 取 1～50 之间所有的奇数，当 i%3=0，i%5=0，i%7=0 中有一个成立则取下一个 i 继续判断，否则表示它能被 3，5，7 中的一个或几个整除。程序如下：

```
main()
{
inti;
for (i = 1;i< = 50;i + = 2)
{
if (i%3 == 0 || i%5 == 0 || i%7 == 0 ) continue;
printf(" %4d",i);
}
```

```
printf("\n");
}
```

程序运行结果如下：

　　1　11　13　17　19　23　29　31　37　41　43　47

【例5-14】在3位数中找一个满足下列要求的正整数n：其各位数字的立方和恰好等于它本身。例如，$371=3^3+7^3+1^3$。

分析：

要判断n是否满足要求，必须将它的各位数字分拆开。

百位数字：n/100。n是整数，所以n/100不保留商的小数位，甩掉的是十位和个位数字，结果必然是百位数字。例如371/100的结果是3。

十位数字：n/10%10。n/10的结果甩掉的是个位数字，保留n的百位和十位数字，再除以10取余数，结果必然是n的十位数字。例如371/10的结果是37，37%10的结果是7。

个位数字：n%10。n除以10取余数，结果一定是n的个位数字。371%10的结果是1。

```
main ( )
{
int n, i, j, k;
for( n = 100; n<1000; n+ + )                    /* 对所有的3位数循环 */
{
i = n/100;                                      /* 得百位数字 */
j = n/10 % 10;                                  /* 得十位数字 */
k = n % 10;                                     /* 得个位数字 */
if ( n == i*i*i+j*j*j+k*k*k)
{
printf ("%d = %d* %d* %d+ %d* %d* %d + %d* %d* %d \n",n,i,i,i,j,j,
      j,k,k,k);
break;    /* 只要求找一个满足条件的数,所以找到后立即退出循环 */
}
}
}
```

运行程序：

输出：153 = 1 * 1 * 1 + 5 * 5 * 5 + 3 * 3 * 3

3位数的范围是[100,999]，所以用n循环在3位数中寻找满足条件的数，先把n的百位、十位和个位数字拆开(用i、j和k表示)，然后判断是否满足条件。由于只要求找一个数，所以在循环中一旦找到一个满足条件的数，应立即用break语句退出循环。若要求找出3位数中全部满足要求的数，则去掉break语句即可。

5.6　goto语句

goto语句也称为无条件转移语句，它是一个特别的语句，在大部分高级语言中已被取消了。C语言中虽然保留了goto语句,但并不提倡在程序中使用它。因为goto语句会破坏结构化设计中的三种基本结构,并给阅读和理解程序带来困难。

其一般格式如下:goto 语句标号;

其中语句标号是按标识符规定书写的符号，放在某一语句行的前面,标号后加冒号“:”。语句标号起标识语句的作用,与goto语句配合使用。

如:label: i++;

loop: while(x<7);

C语言不限制程序中使用标号的次数,但各标号不得重名。goto语句的语义是改变程序流向，转去执行语句标号所标识的语句。

goto语句通常与条件语句配合使用。可用来实现条件转移、构成循环、跳出循环体等功能。

【例5-15】 统计从键盘输入一行字符的个数。

```
#include"stdio.h"
main(){
int n=0;
printf("input a string\n");
loop: if(getchar()!='\n')
{ n++;
goto loop;
}
printf("%d",n);
}
```

本例用if语句和goto语句构成循环结构。当输入字符不为'\n'时即执行n++进行计数,然后转移至if语句循环执行。直至输入字符为'\n'才停止循环。

5.7 几种循环语句的比较

C语言中构成循环结构的有while、do-while和for循环语句。也可以通过if和goto语句的结合构造循环结构。从结构化程序设计角度考虑,不提倡使用if和goto语句构造循环。一般采用while、do-while和for循环语句。下面对它们进行粗略比较。

(1) 三种循环语句均可处理同一个问题。它们可以相互替代。

【例5-16】 求10个数中的最大值。

分析:

从键盘上输入第一个数,并假定它是最大值存放在变量max中。以后每输入一个数便与max进行比较,若输入的数较大,则最大值是新输入的数,把它存放到max。当全部10个数输入完毕,最大值也确定了,即max中的值。

```
main ( )
{
```

```
int i, k, max;
scanf ( "%d", &max );
for ( i=2; i<11; i++ )
{
scanf ("%d",&k);
  if ( max<k ) max=k;
}
  printf ("max= %d\n", max );
}
```

运行程序：

输入：1 23 12 14 24 5 78 9 10 27↙

输出：max=78

用 while 语句改写如下：

```
main ( )
{
  int i, k, max;
  scanf("%d",&max);
  i=2;                /* for语句中的i=2 */
  while (i<11)        /* for语句中的i<11 */
{
  scanf("%d",&k);
  if (max<k) max=k;
  i++;                /* for语句中的i++ */
}
  printf ("max= %d\n",max);
}
```

用 do-while 语句改写如下：

```
  main ( )
  {
    int i, k, max;
    scanf ("%d",&max);
    i=2;              /* for语句中的i=2 */
  do
  {
    scanf("%d",&k);
    if(max<k) max=k;
    i++;              /* for语句中的i++ */
  } while(i<11);      /* for语句中的i<11 */
```

```
    printf("max = %d\n",max);
  }
```

(2)for 语句和 while 语句先判断循环控制条件，后执行循环体；而 do-while 语句是先执行循环体，后进行循环控制条件的判断。for 语句和 while 语句可能一次也不执行循环体；而 do-while 语句至少执行一次循环体。for 和 while 循环属于“当型”循环；而 do-while 循环属于“直到型”循环。

(3)do-while 语句和 while 语句多用于循环次数不定的情况，如【例 5-5】。对于循环次数确定的情况，使用 for 语句更方便，如【例 5-7】。

(4)do-while 语句更适合于第一次循环肯定执行的场合。

例如，输入学生成绩，为了保证输入的成绩均在合理范围内，可以用 do-while 语句进行控制。

```
do scanf("%d",&n); while (n>100 || n<0);
```

只要输入的成绩 n 不在[0,100]中(即 n>100 || n<0)，就在 do-while 语句的控制下重新输入，直到输入合法成绩为止。这里肯定要先输入成绩，所以采用 do-while 循环较合适。

用 while 语句实现：

```
scanf ("%d", &n);
while ( n>100 || n<0 )
scanf("%d",&n);
```

用 for 语句实现：

```
scanf ("%d", &n );
for ( ; n>100 || n<0; )
scanf ("%d", &n );
```

显然，用 for 语句或 while 语句不如用 do-while 语句更自然。

(5)do-while 语句和 while 语句只有一个表达式，用于控制循环是否进行。for 语句有三个表达式，不仅可以控制循环是否进行，而且能为循环变量赋初值及不断修改循环变量的值。for 语句比 while 和 do-while 语句功能更强，更灵活。for 语句中三个表达式可以是任何合法的 C 表达式，而且可以部分省略或全部省略，但其中的两个分号不能省略。

例如，对 for (i=2; i<10; i++)

```
printf ("%5d", i);
```

① 省略表达式 1(i=2)。

```
i = 2;                          /* 循环变量赋初值 */
for ( ; i<10; i++ )
printf ("%5d", i );
```

省略 i=2 后，i 的初值放在循环前确定。

② 省略表达式 2(i<10)。

```
for (i = 2; ; i++)
{ if (i >= 10) break;           /* 循环出口 */
printf ("%5d", i );
```

```
}
```

省略i<10后，循环无法终止，因此在循环体的第一条语句处安排一条循环出口语句(因为表达式2在循环体之前被执行)。以便适时退出循环。

③ 省略表达式3(i++)。

```
for (i = 2; i<10; )
{ printf ("%5d", i );
i + + ;                              /* 修改循环变量的值 */
}
```

省略i++后，i变量的值保持不变，循环无法终止。因此在循环体最后增加i++;(因为表达式3在循环体之后被执行)。

④ 三个表达式全部省略。

```
i = 2;                               /* 循环变量赋初值 */
for ( ; ; )
{if (i >= 10) break;                 /* 循环出口 */
printf ("%5d", i );
i + + ;                              /* 修改循环变量的值 */
}
```

⑤ 循环体放入表达式3。

```
for ( i = 2; i<10; printf ("%5d", i ), i + + ) ;
```

由于循环体在表达式2之后、表达式3之前执行，所以把循环体语句放在表达式3的开头，循环体语句与原来的i++构成逗号表达式，作为循环语句的新的表达式3，所以没有循环体语句了。但从语法上，循环结构必须有循环体语句，否则出现语法错。为此，用空语句作为循环体语句，既满足语法要求，也符合了实际上循环体中什么也不做的现实。

有时，为了产生一段延时，也可以用空语句作为循环体语句。i循环60000次，但什么也不做，目的就是耗时间：

```
for ( i=0; i<60000; i++ );
```

从以上讨论可知，for语句书写形式十分灵活，在for的一对括号中，允许出现各种表达式，有的甚至与循环控制毫无关系，这在语法上是合法的。但初学者一般不要这样做，因为它使程序杂乱无章，降低可读性。

5.8 循环结构的嵌套

循环语句中的循环体内又完整地包含另一个或多个循环语句，称为循环嵌套或多重循环。关于循环嵌套概念，本书5.4节曾做过简单的介绍。三种循环(while循环、do-while循环和for循环)可以互相嵌套构成多重循环。下面几种互相嵌套都是合法的形式。循环的嵌套可以多层，但每一层在逻辑上必须是完整的。

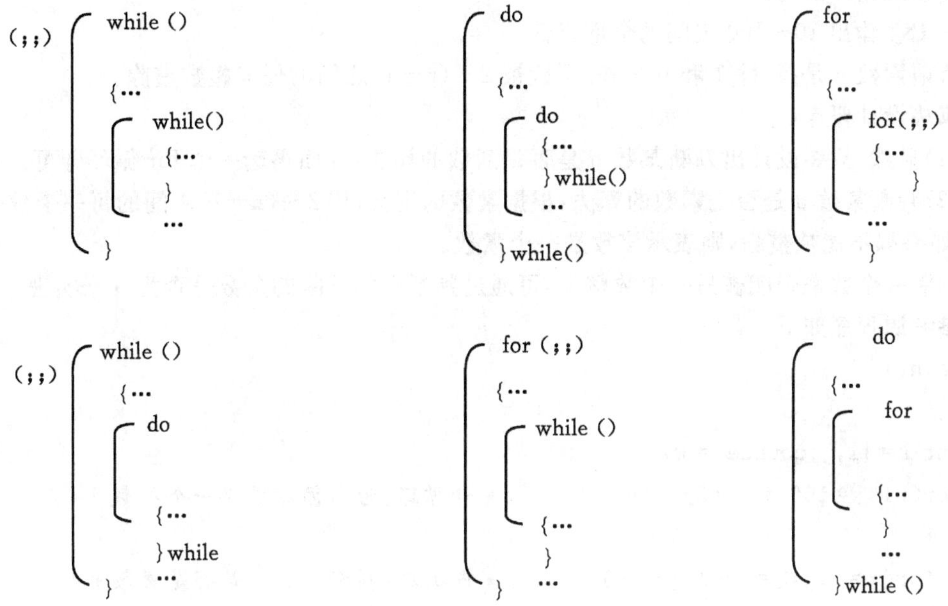

```
(;;)  while ()
      {…
        while()
          {…
          }
          …
      }
```

```
do
{…
  do
   {…
   }while()
   …
}while()
```

```
for
 {…
  for(;;)
   {…
   }
  …
 }
```

```
(;;)  while ()
       {…
        do

          {…
          }while
          …
       }
```

```
for (;;)
{…
   while ()

     {…
     }
     …
}
```

```
   do
{…
   for

     {…
     }
     …
}while ()
```

我们先来看一个例子,说明一下循环嵌套的执行流程。

【例 5-17】多重循环执行流程。

```
main()
{
inti,j;
for (i = 1; i<3; i + + )                    /* 外层 i 循环 */
{ printf ("i = %d→", i );
for (j = 1; j<3; j + + )                    /* 内层 j 循环 */
printf ("j = %d ", j );
printf (" * j = %d\n", j );                 /* 内层 j 循环结束时的 j 值 */
}
printf (" * i = %d\n", i );                 /* 外层 i 循环结束时的 i 值 */
}
运行该程序段:
i = 1→j = 1 j = 2  * j = 3
i = 2→j = 1 j = 2  * j = 3
 * i = 3
}
```

从输出可以看出,对外层 i 循环的 i=1,内层 j 循环的 j 从 1 变化到 2,j=3 时退出 j 循环;然后外层 i 循环的 i 增加 1(i=2),对 i=2,内层 j 循环的 j 仍然从 1 变化到 2,j=3 时退出。外层 i 循环的 i 又增加 1(i=3),退出 i 循环。所以,执行多重循环时,对外层循环变量的每一个值,内层循环的循环变量从初值变化到终值。对外层循环的每一次循环,内层循环要执行完整的循环语句。

【例 5-18】输出 10～100 之间的全部素数。

所谓素数 n 是指，除 1 和 n 之外，不能被 2～(n－1)之间的任何整数整除。

算法设计要点：

(1)显然，只要设计出判断某数 n 是否是素数的算法，外面再套一个 for 循环即可。

(2)判断某数 n 是否是素数的算法：根据素数的定义，用 2～(n－1)之间的每一个数去整除 n，如果都不能被整除，则表示该数是一个素数。

判断一个数是否能被另一个数整除，可通过判断它们整除的余数是否为 0 来实现。

参考源程序如下：

```
main()
{
int i = 11, j, counter = 0;
for(;i <= 100;i += 2)                /* 外循环：为内循环提供一个整数 i */
  {
  for(j = 2;j <= i - 1;j ++)         /* 内循环：判断整数 i 是否是素数 */
    if(i % j == 0)                   /* i 不是素数 */
      break;                         /* 强行结束内循环，执行下面的 if 语句 */
    if(counter % 10 == 0)            /* 每输出 10 个数换一行 */
      printf("\n ");
    if(j >= i)                       /* 整数 i 是素数：输出，计数器加 1 */
  {
   printf(" %6d ", i);
      counter ++;
      }
   }
printf("\n");
printf(" %6d", counter);
}
```

【例 5-19】百钱买百鸡问题。《算经》中有一个著名的"百钱买百鸡问题"：鸡翁一，值钱五，鸡母一，值钱三，鸡雏三，值钱一，百钱买百鸡，问翁、母、雏各多少只？

分析：

设鸡翁、鸡母、鸡雏各为 i,j,k 只，共有 100 钱买 100 鸡，3 只小鸡为一钱，所以小鸡应该为 3 的倍数. 这样便可以得到下面的不定方程：

```
5i + 3j + k/3 = 100
i + j + k = 100
k % 3 = 0
```

若不考虑鸡的价钱则 i,j,k 的值都在 0～100 之间。则程序如下：

```
main()
```

```
{ inti,j,k,c=0;
for (i=0;i<=100;i++)                          /*最外层i循环控制公鸡数*/
  for (j=0;j<=100;j++)                        /*j循环控制母鸡数*/
    for (k=0;k<=100;k++)                      /*k循环控制小鸡数*/
      if (5*i+3*j+k/3==100 && i+j+k==100 && k%3==0)
                                              /*验证k的有效性*/
        printf("%d:i=%d\tj=%d\tk=%d\n\n",++c,i,j,k);
}
```

运行结果如下：

```
1:i=0     j=25     k=75
2: i=4    j=18     k=78
3: i=8    j=11     k=81
4: i=12   j=4      k=84
```

我们对这个问题还可以进一步做探讨，上面的例题总共有 101×101×101 次循环，但其实通过结果我们可以看到很多值其实是取不到的。例如公鸡的数目，若全买也最多买 20 只，同理，母鸡数最多就 33 只，最后小鸡数应为总数减去公鸡数和母鸡数。再根据上面的不定方程，可以得到以下改进的程序：

```
main()
{inti,j,k,c=0;
for (i=0;i<20;i++)                               /*外层循环控制公鸡数*/
  for (j=0;j<=33;j++)                            /*内层循环控制母鸡数*/
    {k=100-i-j;                                  /*鸡的总数为100*/
    if (i%3==0 && 5*i+3*j+k/3==100)              /*验证k值的合理性*/
    printf("%d:i=%d\tj=%d\tk=%d\n\n",++c,i,j,k);
    }
}
```

进行改进后，程序只须执行 20×34 共 680 次循环，大大缩减了循环次数，但如果再进一步分析的话，可以发现循环次数还可以减少，请同学们好好思考一下。

【例 5-20】编写一程序，输入正整数 n，在屏幕上输出高为 n 的等腰三角形图，如下所示就是 n=5 时的图案。

```
    *
   ***
  *****
 *******
*********
```

程序如下：

```
main()
{
```

```
int i,j,k,n;
printf("Enter n:");
scanf("%d",&n);
for (i=1;i<=n;i++)                    /*循环n次,每次输出一行*/
  {
  for (j=1;j<=n-i;j++)                /*输出该行前面的空格*/
    printf(" ");
  for (k=1;k<=2*i-1;k++)              /*输出该行中的星号*/
    printf("*");
  printf("\n");
  }
}
```

5.9 循环结构程序设计应用

在循环算法中,穷举法和迭代法是两类具有代表性的基本算法。

5.9.1 穷举法

穷举法也被称为枚举法,它的基本思想是:列举出所有可能的情况,逐个判断有哪些是符合问题所要求的条件,从而得到问题的全部解答。

使用穷举法解答问题,主要是使用循环语句和选择语句。循环语句用于列举所有可能的情况,选择语句用于判定当前的可能是否为所求的解。其基本格式如下:

```
for (循环变量i取所有可能的值)
{
  …
  if (x满足指定的条件)
    输出x;
  …
}
```

由此格式不难看出,其实在【例5-18】就使用了穷举法,先用循环取出公鸡、母鸡和小鸡数目所有的可能,再通过判断筛选出满足条件的数目。下面我们再来看一个使用穷举法的例子。

【例5-21】任取1~9中的4个互不相同的数,使它们的和为12。用穷举法输出所有满足上述条件的4个数的排列。如:

{1,2,3,6},{1,2,6,3},{1,3,2,6},{1,3,6,2},……

我们采用第一章介绍的枚举法解本题。若a,b,c,d分别代表4个数,列出它们所有的排列,从中找出符合条件的a,b,c和d(a+b+c+d的值为12,且这4个数互不相同)。这种方法一定能找出全部解,因为它搜索了所有可能的排列,因而又称为穷举法。由于穷举法对所有可能的情况都进行搜索，所以计算工作量巨大，离开高速计算机，穷举法只能是理论上可行而实际上不可行的计算方法。

```
main ( )
{ int a,b, c, d, n = 0;
for ( a = 1;a<10;a + + )                  /* 列举 4 个 1 到 9 之间的数的所有排列，供选
                                               择 */
for ( b = 1;b<10;b + + )
for ( c = 1;c<10;c + + )
for ( d = 1;d<10;d + + )
{ if ( a == b||a == c||a == d||b == c||b == d||c == d ) continue;
if ( a + b + c + d! = 12 ) continue;      /* 不满足条件，舍弃 */
n+ + ;                                    /* 满足条件的排列计数 */
printf("{ %d, %d, %d, %d} ",a,b,c,d);
if ( n % 6 == 0 ) printf("\n");           /* 每行输出 6 个排列 */
}
}
```

运行程序，输出结果是：

```
{1,2,3,6} {1,2,4,5} {1,2,5,4} {1,2,6,3} {1,3,2,6} {1,3,6,2}
{1,4,2,5} {1,4,5,2} {1,5,2,4} {1,5,4,2} {1,6,2,3} {1,6,3,2}
{2,1,3,6} {2,1,4,5} {2,1,5,4} {2,1,6,3} {2,3,1,6} {2,3,6,1}
{2,4,1,5} {2,4,5,1} {2,5,1,4} {2,5,4,1} {2,6,1,4} {2,6,3,1}
{3,1,2,6} {3,1,6,2} {3,2,1,6} {3,2,6,1} {3,6,1,2} {3,6,2,1}
{4,1,2,5} {4,1,5,2} {4,2,1,5} {4,2,5,1} {4,5,1,2} {4,5,2,1}
{5,1,2,4} {5,1,4,2} {5,2,1,4} {5,2,4,1} {5,4,1,2} {5,4,2,1}
{6,1,2,3} {6,1,3,2} {6,2,1,3} {6,2,3,1} {6,3,1,2} {6,3,2,1}
```

i,j,k 和 l 分别代表排列中的一个数(可能的取值范围是 1 到 9)，它们所有的排列可用 4 重循环来表示。其中很多排列不是要求的解，如{1,1,1,1}不满足“互不相同”的要求，而{1,2,3,4}不满足“4 个数的和为 12”的要求，所以应舍弃。像{1,2,3,6}就是满足条件的解，应输出。对所有的排列过滤一遍，就可以找到全部解并输出。但计算工作量很大。4 重循环共循环 $9^4 = 6561$ 次，每次循环判断 8 次，共 $8 \times 9^4 = 52488$ 次判断。同样，我们也可像【例 5 - 19】一样对其进行改进，减少循环次数，请同学们自己去分析一下。

5.9.2　迭代法

“迭代法”也称“辗转法”，是一种不断用变量的旧值递推新值的过程。要实现迭代机制需要以下一些要素：

①迭代表达式；

②迭代变量；

③迭代初值；

④迭代终止条件。

当一个问题的求解过程能够有一个初值使用一个迭代表达式进行反复的迭代时，便可用效率极高的重复程序来描述，所以迭代也是由循环结构实现，只是重复的操作是不断从一个变量的旧值推出变量的新值，其基本格式如下：

```
迭代变量赋初值；
循环语句
{
  计算迭代式；
  新值取代旧值；
}
```

【例 5-22】求两个整数的最大公约数。

求最大公约数最常用的方法是辗转相除法：两个数相除，若余数为0，则除数就是这两个数的最大公约数。若余数不为0，则以除数作为新的被除数，以余数作为新的除数，继续相除，……，直到余数为0，除数即为两数的最大公约数。

如：a=32，b=12。求a和b的最大公约数。

32%12的值为8，不为0；

12%8的值为4，不为0；

8%4的值为0，所以a和b的最大公约数是4。程序如下：

```
main ( )
{ int x,y,a,b,t;
  printf("Enter x,y:");
  scanf (" %d, %d",&x,&y);
   if (x<y)              /* 始终保持 x>=y */
  {t=x; x=y; y=t;}
  a=x; b=y;              /* 保存 x,y 以便输出 */
  t=a%b;
  while ( t!=0 )         /* 余数不为0,继续相除,直到余数为0 */
  { a=b; b=t; t=a%b;
  }
  printf("x=%d,y=%d     %d, \n", x, y, b);  /* b即为所求的最大公约数 */
}
```

运行结果如下：

```
Enter x,y:12,21
x=21,y=12     3
```

【例 5-23】用迭代法求Fibonacci数列的前20项。Fibonacci数列：1，1，2，3，5，8，13，21，34，…。可以用如下递推公式求它的第n项：

$f_n = 1$　　　　$n = 1,\ n = 2$

$f_n = f_{n-1} + f_{n-2}$　　　　$n > 2$

f1=1，f2=1，由递推公式，f3=f2+f1=1+1=2；f4=f3+f2=2+1=3；…，若用变量f

代表 fn,f1,f2 分别代表 fn－1 和 fn－2,则可以用 f＝f1＋f2 表示递推过程：

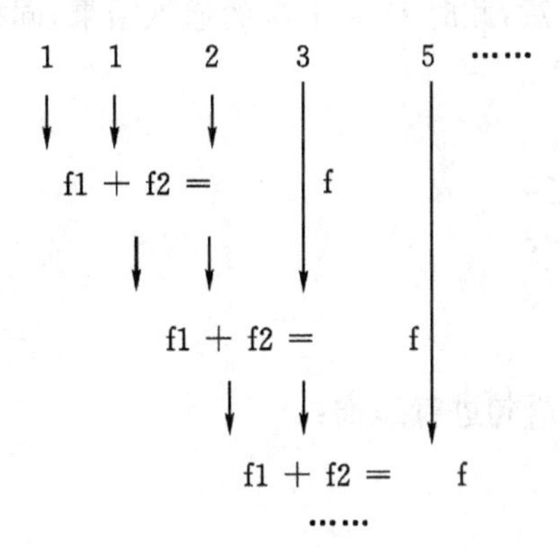


```
main ( )
{ long f, f1, f2; int i;
f1 = f2 = 1;
printf (" %10ld%10ld", f1,f2);
for ( i = 3; i< = 20; i + + )                /* 产生第 3 到 20 项 */
{ f = f1 + f2;                               /* 递推出第 i 项 */
printf(" %10ld", f);
if ( i % 4 == 0 ) printf("\n");              /* 每行输出 4 个数 */
f1 = f2; f2 = f;                             /* 为下一步递推做准备 */
}
}
```

运行程序,输出结果是：

```
   1     1     2     3
   5     8    13    21
  34    55    89   144
 233   377   610   987
1597  2584  4181  6765
```

以上程序还可以改进。请看：

```
1    1    2    3    5    8 …
↓    ↓    ↓
f1 + f2 =           f1
     ↓    ↓
     f2 + f1 =   f2
          ↓    ↓
          f1 + f2 =  f1
               ↓    ↓
               f2 + f1 =  f2
                    ……
```

当 f1+ f2=f 时，f1 对下次递推已无作用，所以用 f1 存放当前递推结果是很自然的。下次递推公式为 f2+ f1=f2，注意，此时 f1 是上次的递推结果，同样，本次递推后，f2 已经无用了，故用 f2 存放当前递推结果。

例如，f1=f2=1

f1=f1+f2 → f1=1+1=2

f2=f2+f1 → f2=1+2=3

f1=f1+f2 → f1=2+3=5

……

这样，循环体中可用如下语句进行递推：

f1=f1+f2；

f2=f2+f1；

一次可产生两项。循环次数减少一半。下面是改进后的程序：

```
main ( )
{ long f1,f2; int i;
f1 = f2 =1;
printf ("%10ld%10ld", f1,f2);
for ( i=2; i<=10; i++ )                    /*产生第3到20项*/
{ f1 = f1+f2;                              /*递推出2项*/
f2 = f2+f1;
printf ("%10ld%10ld", f1,f2);
if ( i%2==0 ) printf("\n");                /*每行输出4个数*/
}
}
```

5.10　本章小结

1. 循环结构用于实现重复操作的功能。C 语言提供了构成循环结构的三种循环语句：while 语句、do-while 语句和 for 语句。一般情况下，用某种循环语句写的程序段，也能用另外两种循环语句实现。while 语句和 for 语句属于"当型"循环，即"先判断，后执行"；而 do-while 语句属于"直到型"循环，即"先执行，后判断"。在实际应用中，for 语句多用于循环次数明确的问题，而无法确定循环次数的问题采用 while 语句或 do-while 语句比较自然。for 语句的三个表达式有多种变化，例如省略部分表达式或全部表达式，甚至把循环体也写进表达式 3 中，循环体为空语句，以满足循环语句的语法要求。

2. 出现在循环体中的 break 语句和 continue 语句能改变循环的执行流程。它们的区别在于：break 语句能终止整个循环语句的执行；而 continue 语句只能结束本次循环，并开始下次循环。break 语句还能出现在 switch 语句中；而 continue 语句只能出现在循环语句中。

3. if 语句和 goto 语句虽然可以构成循环，但效率不如循环语句，更重要的是，结构化程序设计不主张使用 goto 语句，因为它会搅乱程序流程，降低程序的可读性。

第6章 数 组

在前面章节中，我们所使用的都是C语言所提供的简单数据类型，但是在实际应用中，这些简单数据类型(如整型、字符型、实型)在进行大批量数据处理的时候会显的力不从心。例如，卡拉OK大奖赛中比赛选手得分的计算，通过键盘输入所有评委的打分，然后从中去除最高分和最低分，再求平均数，最终得出比赛选手的得分。在这个例子里面，我们需要声明多个变量，用来保存每个评委的打分，这势必为编写程序造成很多麻烦，最有效的办法是通过数组加以解决。

数组是C语言提供的构造数据类型中的一种，构造数据类型包括数组类型、结构体类型和共用体类型，构造数据类型是由基本数据类型按照一定的规则组成的。在程序设计中，为了处理方便，把具有相同类型的若干变量按有序的形式组织起来，这些按序排列的同类数据元素的集合称为数组。一个数组可以分解为多个数组元素，这些数组元素可以是基本数据类型或是构造类型。因此按数组元素的类型不同，数组又可分为数值数组、字符数组、指针数组、结构数组等各种类别。

所谓数组是有序数据的集合，具体来讲，数组是指具有同一数据类型和名称的一组有序的数据元素的集合，该集合中的每一个元素用数组名和下标来区分。

6.1 一维数组

6.1.1 一维数组的定义

和基本数据类型一样，数组也必须先定义后使用。一维数组的定义方式如下：

类型说明符 数组名[常量表达式]；

例如：int a[10]；说明整型数组a，有10个元素。

float b[10],c[20]；说明实型数组b，有10个元素，实型数组c，有20个元素。

char ch[20]；说明字符数组ch，有20个元素。

对于数组类型说明应注意以下几点：

(1)数组的类型实际上是指数组元素的取值类型。对于同一个数组，其所有元素的数据类型都是相同的。

(2)数组名的书写规则应符合标识符的书写规定。

(3)数组名不能与其它变量名相同，例如：

```
void main()
{ int a;
float a[10];
……
```

```
}
```

是错误的。

(4)方括号中常量表达式表示数组元素的个数,如 a[5]表示数组 a 有 5 个元素。但是其下标从 0 开始计算。因此 5 个元素分别为 a[0],a[1],a[2],a[3],a[4]。

(5)不能在方括号中用变量来表示元素的个数，但是可以是符号常数或常量表达式。例如：

```
#define FD 5
void main()
{
int a[3+2],b[7+FD];
……
}
```

是合法的。但是下述说明方式是错误的。

```
void main()
{int n=5;
int a[n];
……
}
```

(6)允许在同一个类型说明中,说明多个数组和多个变量。

例如：int a,b,c,d,k1[10],k2[20];

6.1.2　一维数组的初始化

数组同样也可以进行初始化,即在定义数组的同时给数组元素赋初值,可以采用以下几种形式。

1. 给全部数据初始化

如:int a[7] = {1,2,3,4,5,6,7};

经过上面的定义和初始化之后,a[0]=1,a[1]=2,a[2]=3,a[3]=4,a[4]=5,a[5]=6,a[6]=7。

在给全部数据初始化的时候,可以省略数组的长度(方括号不可省略),上述例子也可按下面方式定义：

int a[]={1,2,3,4,5,6,7}

若给一个数组中全部元素赋值 0,可以写成：

int a[7] = {0,0,0,0,0,0,0};或 int a[7] = {0};

2. 给部分数据初始化

如:int a[7] = {1,2,3,4};

在上面的定义和初始化中,花括号中只有 4 个值,小于数组元素的个数,这就表示花括号中的 4 个值是给数组前 4 个元素赋值,而后 3 个元素的值则为 0。

3. 静态数组不进行初始化

静态数组不进行初始化时，所有元素的值都为 0

如：static int a[7]；

经过上面的定义，数组 a 中的 7 个元素的初值默认为 0。

6.1.3　一维数组的引用

C 语言中，只能逐个引用数组的元素而不能一次引用整个数组，数组元素的引用是通过下标来实现的。

一维数组元素的表示方式为：

数组名称[下标]；

下标可以是整型常量或整型表达式，下标范围是从 0 开始的，不能超过数组定义的长度。数组元素的使用方法和数据类型的变量的使用方法是一样的。如：

```
a[3] = 9;
a[2] = a[5] + 2;
a[5] = a[2] + a[4];
scanf("%d",&a[4])
```

上面对数组 a 中元素的引用均为合法的。

来看下面 2 个例子。

【例 6-1】 main()

```
{
  int i,a[10];
  for(i=0;i<=9;i++)
      a[i]=i;
  for(i=9;i>=0;i--)
      printf("%d ",a[i]);
}
```

【例 6-2】 main()

```
{
  int i,a[10];
  for(i=0;i<10;)
      a[i++]=i;
  for(i=9;i>=0;i--)
      printf("%d",a[i]);
}
```

6.1.4　一维数组应用举例

【例 6-3】

```
main()
```

```
{
  int i,max,a[10];
  printf("input 10 numbers:\n");
  for(i=0;i<10;i++)
    scanf("%d",&a[i]);
  max=a[0];
  for(i=1;i<10;i++)
    if(a[i]>max) max=a[i];
  printf("maxmum=%d\n",max);
}
```

本例程序中第一个 for 语句逐个输入 10 个数到数组 a 中。然后把 a[0]送入 max 中。在第二个 for 语句中,从 a[1]到 a[9]逐个与 max 中的内容比较,若比 max 的值大,则把该下标变量送入 max 中,因此 max 总是在已比较过的下标变量中为最大者。比较结束,输出 max 的值。

【例 6-4】对 10 个数按照由小到大的方式排序。

思路分析:我们可以使用起泡法进行排序。起泡法排序是一个比较简单的排序方法。在待排序的数列基本有序的情况下排序速度较快。若要排序的数有 n 个,则需要 n－1 轮排序,第 j 轮排序中,从第一个数开始,相邻两数比较,若不符合所要求的顺序,则交换两者的位置;直到第 n＋1－j 个数为止,第一个数与第二个数比较,第二个数与第三个数比较……,第 n－j 个与第 n＋1－j 个比较,共比较 n－1 次。此时第 n＋1－j 个位置上的数已经按要求排好,所以不参加以后的比较和交换操作。例如,第一轮排序:第一个数与第二个数进行比较,若不符合要求的顺序,则交换两者的位置,否则继续进行二个数与第三个数比较,直到完成第 n－1 个数与第 n 个数的比较。此时第 n 个位置上的数已经按要求排好,它不参与以后的比较和交换操作。第二轮排序:第一个数与第二个数进行比较,直到完成第 n－2 个数与第 n－1 个数的比较。第 n－1 轮排序:第一个数与第二个数进行比较,若符合所要求的顺序,则结束冒泡法排序;若不符合要求的顺序,则交换两者的位置,然后结束冒泡法排序。共 n－1 轮排序处理,第 j 轮进行 n－j 次比较和至多 n－j 次交换。从以上排序过程可以看出,较小的数像气泡一样向上冒,而较大的数往下沉,故称起泡法。

```
#include <stdio.h>
main()
{
    int temp,a[10];
  printf("input 10 number : \n");
  for(int i=0;i<=9;i++){
      scanf("%d",&a[i]);          /* 输入 10 个数,放进数组 */
      }
      for(int i = 0;i<9;i++)
      {
```

```
            for(int j = 0;j<9 - i;j + + )
            {
              if(a[j]>a[j + 1])
              {
                  temp = a[j];
                  a[j] = a[j + 1];
                  a[j + 1] = temp;
              }
            }
        }
        printf("the sorted numbers:\n");
        for(int i = 0;i<10;i + + ){
            printf(" % d",a[i]);
        }
}
```

6.2 二维数组

二维数组的数组元素可以看作是排列为行列形式的矩阵。二维数组也用统一的数组名来标识,第一个下标表示行,第二个下标表示列。

6.2.1 二维数组的定义

二维数组定义的方式为:

类型说明符 数组名[常量表达式 1] [常量表达式 2];

如:float a[4][5]

说明:

(1)定义 a 为 4×5(4 行 5 列)的数组,该数组中共有元素 4×5=20 个。

(2)可以把二维数组看成是由多个一维数组组成的一维数组,这个一维数组中的每个元素是一个数组。如:a[4][5],可以把 a 看成一个一维数组,有 4 个元素,分别为 a[0]、a[1]、a[2]、a[3],每个元素又是一个包含了 5 个元素的一维数组。

(3)二维数组在内存中的存放顺序是按行存放的,如上述例子中 a 在内存中的排列顺序是:

a[0][0] a[0][1] a[0][2] a[0][3]

a[1][0] a[1][1] a[1][2] a[1][3]

a[2][0] a[2][1] a[2][2] a[2][3]

a[3][0] a[3][1] a[3][2] a[3][3]

a[4][0] a[4][1] a[4][2] a[4][3]

C 语言允许使用多维数组,如定义一个三维数组的方式为:float a[2][3][4];

6.2.2　二维数组的初始化

(1)按行对二维数组进行初始化

如:int a[3][3]={{1,1,2}.{12,3,6},{2,5,9}};

经过上面的定义和初始化之后,a[0][0]=1,a[0][1]=1,a[0][2]=2,a[1][0]=12,a[1][1]=3,a[1][2]=6,a[2][0]=2,a[2][1]=5,a[2][2]=9。

(2)将所有数据列在一个花括号内

如:int a[2][2]={1,2,3,4};

编译程序将按照行优先的顺序自动将数值赋予相应的数组元素,经过上面的定义和初始化之后,a[0][0]=1,a[0][1]=2,a[1][0]=3,a[1][1]=4。

(3)如果对二维数组的全部元素进行初始化,那么至少要指定列的长度,编译程序会自动根据元素总数和列的长度,确定行的长度。

如:int a[][3]={1,2,3,4,5,6};

等同于 int a[2][3]={1,2,3,4,5,6};

或　　int a[2][3]={{1,2,3},{4,5,6}};

【例 6-5】

```
main()
{
  int i,j,s = 0, average,v[3];
  int a[5][3] = {{80,75,92},{61,65,71},{59,63,70},{85,87,90},{76,77,85}};
  for(i = 0;i<3;i + + )
      { for(j = 0;j<5;j + + )
        s = s + a[j][i];
        v[i] = s/5;
        s = 0;
      }
  average = (v[0] + v[1] + v[2])/3;
  printf("math: % d\nc languag: % d\ndFoxpro: % d\n",v[0],v[1],v[2]);
  printf("total: % d\n", average);
}
```

6.2.3　二维数组的引用

二维数组元素的引用方式为:

数组名称[行下标][列下标]

行下标和列下标同一维数组一样,可以是整型常量或整型表达式,下标范围是从 0 开始的,不能超过数组定义的长度。

如:

```
int a[2][2] = {1,2,3,4};
```

```
a[1][1] = 1;
a[0][1] = 2;
scanf("%d",&a[1][0]);
```

上面对数组 a 中元素的引用均为合法的。

【例 6-6】一个学习小组有 5 个人,每个人有三门课的考试成绩。求全组分科的平均成绩和各科总平均成绩。

	张	王	李	赵	周
Math	80	61	59	85	76
C	75	65	63	87	77
Foxpro	92	71	70	90	85

可设一个二维数组 a[5][3]存放 5 个人 3 门课的成绩。再设一个一维数组 v[3]存放所求的各分科平均成绩,设变量 average 为全组各科总平均成绩。编程如下:

```
main()
{
  int i,j,s=0,average,v[3],a[5][3];
  printf("input score\n");
  for(i=0;i<3;i++)
  {
    for(j=0;j<5;j++)
    { scanf("%d",&a[j][i]);
      s=s+a[j][i];}
    v[i]=s/5;
    s=0;
  }
  average =(v[0]+v[1]+v[2])/3;
  printf("math:%d\nc languag:%d\ndbase:%d\n",v[0],v[1],v[2]);
  printf("total:%d\n", average );
}
```

程序中首先用了一个双重循环。在内循环中依次读入某一门课程的各个学生的成绩,并把这些成绩累加起来,退出内循环后再把该累加成绩除以 5 送入 v[i]之中,这就是该门课程的平均成绩。外循环共循环三次,分别求出三门课各自的平均成绩并存放在 v 数组之中。退出外循环之后,把 v[0],v[1],v[2]相加除以 3 即得到各科总平均成绩。最后按题意输出各个成绩。

6.2.4　二维数组应用举例

【例 6-7】从键盘上输入 16 个数,放入一个 4 行 4 列的二维数组中,计算主对角线所有元素之和。

程序代码如下：

```
main(){
    int a[4][4],sum = 0;
    printf("input 16 number : \n");
    for(int i = 0;i< = 3;i + + ){
        for(int j = 0;j< = 3;j + + ){
            scanf(" %d",&a[i][j]);
        }
    }
    for(int i = 0;i<4;i + + ){
        sum + = a[i][i];
    }
    printf("sum is %d",sum);
}
```

【例6-8】 在二维数组a中选出各行最大的元素组成一个一维数组b。

如 a = 3 16 87 65
　　　4 32 11 108
　　　10 25 12 37

则 b = (87 108 37)

```
main()
{static int a[][4] = {3,16,87,65,4,32,11,108,10,25,12,27};
int b[3],i,j,l;
for(i = 0;i< = 2;i + + )
    { l = a[i][0];
     for(j = 1;j< = 3;j + + )
        if(a[i][j]>l) l = a[i][j];
    b[i] = l;
    }
printf("\narray a:\n");
for(i = 0;i< = 2;i + + )
    { for(j = 0;j< = 3;j + + )
     printf(" %5d",a[i][j]);
     printf("\n");
    }
printf ("\narray b:\n");
for (i = 0;i< = 2;i + + )
    printf (" %5d",b[i]);
```

```
printf("\n");
}
```

6.3 字符数组

字符数组就是存放字符数据的数组。在字符数组中,一个元素审放一个字符。

6.3.1 字符数组的定义

字符数组的定义方法与前面介绍的数组定义方法一样。如:

char a[10];

上面就定义了一名称为 a 的字符数组,包含了 10 个元素。

说明:

(1)字符数组和前面所述数组一样,我们可以将其中的元素一个一个地进行处理,但是我们通常是将字符数组作为一个整体来处理,即作为一个字符串来处理。

(2)字符型与整型是可以互相通用的,因此我们也可以把这个数组定义为整型的,用来存放字符数据,只不过会浪费存储空间。

6.3.2 字符数组的初始化

字符数组一般有两种方法进行初始化。

1. 给各个元素逐个赋值

如 char a[12] ={'H', 'e', 'l', 'l', 'o', ',', 'W', 'o', 'r', 'l', 'd', '!'};

如果花括号中字符的个数与整个字符数组的长度一样,那么数组方括号里面的长度可以省略,即:

char a[] = {'H', 'e', 'l', 'l', 'o', ',', 'W', 'o', 'r', 'l', 'd', '!'};

如果花括号中字符的个数小于字符数组长度,那么会将花括号中的字符赋予数 组前面的那些元素,剩下的元素都赋予空字符(即'\0'),如:

char a[14] = {'H', 'e', 'l', 'l', 'o', ',', 'W', 'o', 'r', 'l', 'd', '!'};

等同于

char a[14] = {'H', 'e', 'l', 'l', 'o', ',', 'W', 'o', 'r', 'l', 'd', '!', '\0', '\0'};

字符数组还可以用 ASCⅡ码。如:

char a[] = {'A', 'B', 'C', 'D' };

等同于

char a[] = {65,66,67,68,69};

2. 给整个数组赋一个字符串

如:char a[] = {"Hello,World!"};

或者省略花括号:char a[] ="Hello,World!";

使用该方法对字符数组进行初始化时,编译程序将自动在最后一个字符后面加上'\0',

表示该字符串结束。因此，对于上述例子中的字符数组长度应该是13，而不是12。

6.3.3 字符数组的引用

字符数组的引用和前面所讲述的数组一样，可以对元素逐个进行访问。如：

【例6-9】输出一个字符串。

```
#include<stdio.h>
void main()
{char a[] = {'H', 'e', 'l', 'l', 'o', ',', 'W', 'o', 'r', 'l', 'd', '!'};
    for(int i = 0;i<12;i + +){
      printf("%c",a[i]);
    }
}
```

运行结果：Hello,World!

6.3.4 字符数组的输入和输出

字符数组的输入输出有以下两种方法。

(1)逐个字符输入输出。使用格式符"%c"，如上述例中的printf("%c",a[i])；

又如：char a[4];

```
    for(int i=0;i<=3;i++){
        scanf("%c",&a[i]);
    }
```

(2)把整个字符数组作为一个整体(即一个字符串)输入输出，使用格式符"%s"，如：上述例中的printf("%c",a[i])；

我们可以用下面语句替换：

printf("%s",a);

同样 char a[4];

```
    for(int i=0;i<=3;i++){
        scanf("%c",&a[i]);
    }
```

中的scanf("%c",&a[i])也可以替换成scanf("%s",a);。不过在这里需要我们注意的有两点：

(1)在scanf函数中的输入项如果是数组名，不需要在之前加上地址符&，因为在C语言中数组名就代表了该数组的起始地址。

(2)使用scanf("%s",a)输入字符串时，输入的字符串中是不能有空格的，因为系统会将空格看成输入结束，并自动在后面加上'\0'。如：

```
char a[12];
scanf("%s",a);
```

如果输入以下字符：

Hello World!

最后存放在数组的只有“Hello”。

【例 6-10】

```
main()
{
  char st[15];
  printf("input string:\n");
  scanf("%s",st);
  printf("%s\n",st);
}
```

本例中由于定义数组长度为 15，因此输入的字符串长度必须小于 15，以留出一个字节用于存放字符串结束标志'\0'。应该说明，对一个字符数组，如果不作初始化赋值，则必须说明数组长度。还应该特别注意，当用 scanf 函数输入字符串时，字符串中不能含有空格，否则将以空格作为串的结束符。

6.3.5　字符串及其处理函数

字符串变量实际上就是字符数组，字符串变量名就是字符数组名。

字符串常量是由一对双引号" "括起来的字符构成的字符序列，如上述例子中的"Hello, World!"。双引号中一个字符都没有的字符串，称为空串，用一对双引号表示，即" "。在存储字符串常量的时候，系统会在字符串的末尾自动加上'\0'作为结束标记。

C 语言中提供了一些函数用来处理字符串，要想使用这些函数，要在程序中写上包含命令：#include<string.h>。

下面我们来简单介绍常用的字符串处理函数。

1. gets()函数

(1)功能：读取从终端输入的 1 个字符串(包含空格，使用 scanf 输入字符串的时候，输入的字符串是不能有空格的)，并将该字符串存储到字符数组中。

(2)调用方式：gets(字符数组名)

(3)举例说明：执行下面语句

```
char a[13];
gets(a);
```

从键盘输入：Hello World!

gets 函数就会将输入的字符串"Hello World!"放入 a 这个字符数组中，注意放进数组 a 中的是 13 个字符，而不是 12 个字符。

2. puts()函数

(1)功能：将字符数组中的字符串，输出至屏幕。

(2)调用方式：puts(字符数组名)

(3)举列说明：执行下面语句

```
char a[] ="Hello World!";
puts(a);
```

在屏幕上会输出：

```
Hello World!
```

用puts函数也可以输出转义字符。将上述例子修改之后如下：

```
char a[] ="Hello\n World!";
puts(a);
```

在屏幕上会输出：

```
Hello
World!
```

3. strcpy()函数

(1)功能：将字符串完整的复制到一个字符数组中，字符数组中原有内容被覆盖。

(2)调用方式：strcopy(字符数组名，字符串)

(3)举列说明：

```
char a[20];
strcopy(a,"Hello World!");
```

执行上述语句后，"Hello World!"就会被放入字符数组a中。

说明：

①字符数组必须要足够大，以便可以容纳复制过来的字符串。

②strcopy(字符数组名，字符串)中的字符串可以是字符串常量，也可以是字符数组。

③我们可以使用strncpy函数将字符串中的前面n个字符复制到字符数组中。如：执行strncopy(a,"Hello World!",2)，就会将字符'H','l'放在字符数组a中。

4. strcmp()函数

(1)功能：比较两个字符串。

(2)调用方式：strcmp(字符串1，字符串2)

若字符串1=字符串2，则该函数的返回值为0；

若字符串1>字符串2，则该函数的返回值为一个正整数；

若字符串1<字符串2，则该函数的返回值为一个负整数。

(3)举列说明：

```
strcmp("beijing","shanghai");
```

执行上述语句会得出一个负整数。

说明：

字符串比较过程，是对两个字符串从左到右逐个字符比较(比较的时候，按照ASCⅡ码值大小比较)，直到出现不同的字符或遇到'\0'为止。如果两字符串所有字符均相等，并且两字符串长度也相等，则这两个字符串相等。

5. strcat()函数

(1)功能：把一个字符串连接的一个字符数组中字符串的尾部，再存储于该字符数组中。

(2)调用方式:strcat(字符数组名,字符串或字符数组名)。

(3)举列说明:

```
char a[20] ="Hello";
strcat(a,"world");
```

执行上述语句,字符数组 a 中的值变为"Hello world"。

注意:

由于这里没有边界检查,所以要保证字符数组足够大,否则会因字符数组的长度不够而产生问题。

6. strlen( )函数

(1)功能:求字符串的实际长度(不包含结束标志'\0')

(2)调用方式:strlen(字符串)。

7. strupr( )函数

(1)功能:将字符串中的小写字符转换成大写,其他字符(包括小写字母和非字母字符)不转换。

(2)调用方式:strupr(字符串)。

8. strlwr( )函数

(1)功能:将字符串中大写字母转换成小写,其他字符(包括小写字母和非字母字符)不转换。

(2)调用方式:strlwr(字符串)。

【例 6-11】输入五个国家的名称按字母顺序排列输出。

本题编程思路如下:五个国家名应由一个二维字符数组来处理。然而 C 语言规定可以把一个二维数组当成多个一维数组处理。因此本题又可以按五个一维数组处理,而每一个一维数组就是一个国家名字符串。用字符串比较函数比较各一维数组的大小,并排序,输出结果即可。

编程如下:

```
main()
{
    char st[20],cs[5][20];
    int i,j,p;
    printf("input country's name:\n");
    for(i=0;i<5;i++)
      gets(cs[i]);
    printf("\n");
    for(i=0;i<5;i++)
      { p=i;strcpy(st,cs[i]);
    for(j=i+1;j<5;j++)
      if(strcmp(cs[j],st)<0) {p=j;strcpy(st,cs[j]);}
    if(p!=i)
```

```
    {
    strcpy(st,cs[i]);
    strcpy(cs[i],cs[p]);
    strcpy(cs[p],st);
    }
    puts(cs[i]);}printf("\n");
}
```

6.3.6　字符数组应用举例

【例 6-12】输入一行字符,统计出其中英文字母、数字、空格和其他字符的个数。

分析:可以根据每一个字符的 ASCⅡ码值来判断它是英文字母、数字、空格还是其他字符。对于一个字符来说:

(1)如果它的 ASCⅡ码值介于'a'和'z'或'A'和'Z'之间,则它是一个英文字母;

(2)如果它的 ASCⅡ码值介于'0'和'9'之间,则它是一个数字;

(3)其他情况则可视为其他字符。

```
#include <string.h>
main(){
    char a[12];
    /* lette 记录字母的数量,digit 记录数字的数量,space 记录空格的数量,other
       记录其他字符的数量 */
    int digit = 0,letter = 0,space = 0,other = 0;
    gets[a];
    for(int i = 0;i<strlen(a);i + + )
    {
      if((a[i]> = 'A' && a[i]< = 'Z') || (a[i]> = 'a' && a[i]< = 'z'))
        letter + + ;
      else if(a[i]> = '0' && a[i]< = '9')
        digit + + ;
      else if(a[i] = " ")
        space + + ;
      else
        other + + ;
    }
    printf("letter = %d,digit = %d,space = %d,other = %d\n",letter,digit,
      space,other);
}
```

运行结果:

输入:Hello World!

输出：letter = 10,digit = 0,space = 1,other = 1

【例 6 - 13】请分析下面程序的结果。

```
char input[] ="SSSWILTECH1\1\11W\1WALLMP1";
main()
{
    Int i,c;
    For(i = 2;(c = input[i]) ! = '\0';i+ + )
      {
      Switch(c)
        {
        Case 'a': putchar('i');
                Continue;
        Case '1':break;
        Case '1':
            While( (c = input[ + + i])! = '\1'&&c ! '\0')
        Case 9:  putchar('S')
        Case 'E':
        Case 'L': continue;
        Default: putchar(c);
            Continue;
        }
          Putchar(' ');
    }
    Putchar('\n');
}
```

运行结果：

SWITCH SWAMP

6.4　本章小结

1. 数组是程序设计中最常用的数据结构。数组可分为数值数组(整数组，实数组)，字符数组以及后面将要介绍的指针数组、结构数组等。

2. 数组可以是一维的、二维的或多维的。

3. 数组类型说明由类型说明符、数组名、数组长度（数组元素个数）三部分组成。数组元素又称为下标变量。数组的类型是指下标变量取值的类型。

4. 对数组的赋值可以用数组初始化赋值、输入函数动态赋值和赋值语句赋值三种方法实现。对数值数组不能用赋值语句整体赋值、输入或输出，而必须用循环语句逐个对数组元素进行操作。

第7章　函　数

程序员在设计一个复杂的应用程序时，常常将一个较大的程序分为若干个程序模块，每个模块分别用来实现一个独立、完整、特定的功能，然后分别予以实现，最后再把所有的程序模块集成起来，这种在程序设计中分而治之的策略，被称为模块化程序设计方法。

函数是C源程序的基本模块，通过对函数模块的调用实现特定的功能。可以说C程序的全部工作都是由各式各样的函数完成的。

7.1　函数的概述

在程序设计中，常将一些常用的功能模块编写成函数，放在函数库中供公共使用。如果能很好地利用函数，可以减少重复编写程序段的工作量。

一个C程序可由一个主函数main()和若干个函数构成(图8-1)。通过主函数main()调用其他函数，其他函数之间也可以互相调用，同一函数也可以被一个或多个函数调用一次或多次，但主函数main()是不能被调用的。

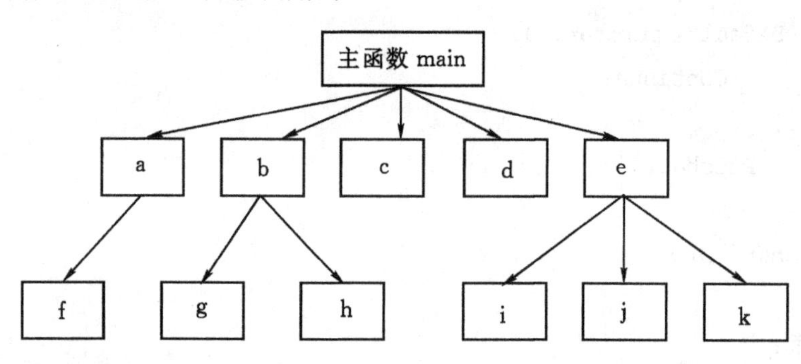

图7-1

我们先来看一个函数调用的例子。

【例7-1】 函数调用示例。

```
#include <stdio.h>
void print()
{
    printf("Helo World! \n");
}
void print_test()
{
    print();
```

```
}
void main()
{
    print_test();
}
```

运行结果如下：

Hello World!

说明：

(1)上述示例中的print()是用户自定义的函数，用来输出“Hello World!”字符串。

(2)C程序的执行是从main函数开始的，若调用了其他函数，调用结束后仍然要返回到main函数。

(3)所有函数是互相独立的，因此函数是不存在嵌套定义的。函数间可以互相调用，但是main函数只能被系统调用，不能被其他函数调用。

(4)一个C程序可以由一个或多个函数组成。对于大型程序而言，一般不会把所有内容放在一个文件中，而是把这些函数分别放在若干个文件中，每个文件由一个或多个函数组成，再由这些文件组成一个C程序。

从用户角度看，函数分为标准函数和用户自定义函数。标准函数也就是我们所说的库函数，是C语言本身已经定义好的函数，用户可以直接调用，例如求绝对值函数abs()等。用户自定义函数是程序员自己定义的，用来解决某些常用问题的函数。

从函数角度看，函数分为无参函数和有参函数。无参函数在调用时，不需向其传递数据，如上例中函数均是无参函数。有参函数在调用时，需通过参数向其传递数据。一般情况下，执行被调用函数执行完成后会向主函数返回一个值。

总结使用函数进行程序开发的优点如下：

(1)将程序分解成若干个小问题，解决容易。

(2)每个小问题用函数来实现，可以随时供程序员调用，能够代码重用。

(3)每个函数之间相对独立，可以由不同的人来编写，便于团队合作，缩短开发时间。

7.1.1　函数的定义

函数定义的一般形式如下：

```
类型标识符 函数名(形式参数列表)
{
    声明部分
    语句部分
}
```

说明：

(1)一个函数由函数首部和函数体两部分组成。

(2)函数首部，即函数的第一行，包括类型标识符(一般与该函数返回值的类型一致)、函数名、形式参数列表，其中形式参数(以下均简称形参)列表中可以包含若干个函数参数，也可以为空。如：

```
int          add_test (int      x,      int      y)
 ↓              ↓        ↓       ↓        ↓        ↓
类型标识符     函数名    形参类型  形参名   形参类型  形参名
```

(3)函数体一般包括声明部分和语句部分(或者叫执行部分)。声明部分当中定义的是本函数中使用的变量、数组,有时也会对所调用的函数进行声明。语句部分是程序的核心部分,即该函数解决问题的若干语句。在某些时候,可以没有声明部分,如例 7.1 中的函数。也可以声明部分和执行部分均没有,我们称之为空函数。如:test(){ }。

【例 7-2】求两个数 X 和 Y 的最大数

```
int z(int x,int y)
{
    int max;
    if(x>y){
        z = x;
        }
    else
    {
        z = y;
    }
    return(z);
}
main(){
    int a,b,m;
    scanf("%d,%d",&a,&b);
    m = max(a,b);
    printf("The max nuber is %d",m);
}
```

7.1.2 函数的调用

C 语言中函数调用的一般格式为:

函数名(实际参数列表);

说明:

(1)实际参数(以下均简称实参)列表中的参数必须与定义函数时的形参列表个数相等,类型一致。

(2)函数调用时,实参根据一一对应的顺序传递给形参。多个实参的时候,与形参一样,用逗号隔开。若调用的函数是无参函数时,可以没有实参列表,但圆括号不能省略。

函数调用有三种形式:

(1)函数语句:函数无返回值的时候,使用该种方式。如例 7.1 中 print_test 函数便属于这种调用方式,这种无返回值的函数在定义时类型标识符使用 void。

(2)函数表达式:函数有一个确定的返回值的时候,使用该种方式。如例 7.2 中的 max 函数便属于这种调用方式。

(3)函数参数:函数调用可以作为另外一个函数的实参,即函数的返回值作为函数调用的实参。如:我们可以将例 7.2 改成求 3 个数的最大数,那么我们在调用 max 函数的时候,可以写成 m=max(a,max(b,c))。

另外,在一个函数中调用另一函数时,我们需注意以下几个问题:

(1)被调用函数是否存在?

(2)如果调用的是库函数,应该在文件开头使用#include。

(3)如果被调用主函数的定义出现在主调函数之后,应该在主调函数之前或主调函数内的声明部分,对被调用函数加以声明。函数声明的一般形式如下:

类型标识符 函数名(参数类型 参数名称,参数类型 参数名称……);

如:例 7.2 可以写成如下形式

```
main()
{
    int max(int x,int y);
    int a,b,m;
    scanf("%d,%d"&a,&b);
    m=max(a,b);
    printf("The max nuber is %d",m);
}
int max(int x,int y)
{
int z;
if(x>y){
     z=x;
    }
    else
    {
    z=y;
    }
    return(z);
}
```

7.2　函数参数和函数的值

7.2.1　形参和实参

在调用函数的时候,大多数情况下,主调函数和被调函数之间有数据传递。它们之间的数据传递是通过形参和实参来完成的。

关于形参和实参说明如下：

(1)形参是指在函数定义的时候，写在函数名后面圆括号当中的参数，这些参数可以在该函数体内部使用。在未调用该函数的时候，形参是不占内存中的存储单元的。只有在发生调用的时候，形参才会被分配内存单元，调用结束后，这些分配给形参的内存单元会被释放。

(2)实参是指在函数调用的时候，写在被调用函数名后面圆括号当中的参数，这些参数会按照与形参列表一一对应的关系，将值赋给被调用函数的形参。所以实参应该与形参的类型相同或赋值兼容，并且两者个数相同。实参可以是常量、变量或表达式，但是实参必须要有确定的值。

7.2.2　函数调用时的参数传递

C 语言当中，利用函数参数传递数据有两种方式：值传递方式和地址传递方式

1. 值传递方式

值传递方式是在函数调用的时候，单独对形参分配存储单元，并将实参的值赋给形参，形参和实参是两个不同的存储单元，简单地说就是在函数中对形参的处理与实参完全脱离，形参的值发生变化不会对实参的值产生影响。当函数执行完成后，形参被释放，实参依然保留原值。这种方式又被称为"参数值的单向传递"。

【例 7-3】 两个整数交换

```
viod swap(int a,int b)
{
    int m;
    printf("交换前的形参分别为 a= %d,b= %d\n",a,b);
    m=a;
    a=b;
    b=m;
    printf("交换后的形参别为 a= %d,b= %d\n",a,b);
}
main()
{
    int x=100,y=200;
    printf("交换前的实参分别为 x= %d,y= %d\n",x,y);
    swap(x,y);
    printf("交换后的实参分别为 x= %d,y= %d\n",x,y);
}
```

运行结果为：

```
100,200
100,200
```

```
200,100
100,200
```

2. 地址传递方式

地址传递方式是在函数调用的时候，将实参的存储单元地址传递给形参作为其地址。因此，形参和实参被分配的内存地址相同，即两者占用相同的内存单元。使用该方式传递参数，当形参的值发生变化的时候，实参的值也将发生变化。我们可以把这种方式看成调用函数时，将实参的值传递给地址相同的形参；函数执行结束后，把形参的值返回给地址相同的实参。这种方式又被称为“参数值的双向传递”。

注意：

采用该方式的实参只能是变量的地址、数组名（即数组的首地址）或指针变量，而接受地址值的形参也只能是变量的地址、数组名（即数组的首地址）或指针变量。

【例 7-4】用冒泡法排序

```
int ssort(int a[],int n)
{
    int temp;
    for(int i = 0;i<n-1;i++)
    {
      for(int j=0;j<n-i-1;j++)
      {
        if(a[j]>a[j+1])
        {
            temp = a[j];
            a[j] = a[j+1];
            a[j+1] = temp;
        }
      }
    }
}
main()
{
    int x[10],i;
    printf("input 10 number : \n");
      for(int i=0;i<=9;i++){
      scanf("%d",&a[i]);          /* 输入10个数，放进数组 */
    }
    for(i=0;i<=9;i++)
      printf("%d",x[i]);
    printf("/n");
```

```
    ssort(x,10);
    for(i=0;i<=9;i++)
      printf("%d",x[i]);
}
```

说明:由于采用了数组名即地址传递方式(在数组一章中讲过,C 语言中数组名就代表了该数组的起始地址)。

数组名作为函数参数时,必须遵循以下几条原则:

(1)必须在主调函数和被调函数中分别定义数组。

(2)实参数组和形参数组类型必须一致。

(3)实参数组与形参数组大小可以一致,也可以不一致。

7.2.3 数组作为函数参数

数组可以作为函数的参数使用,进行数据传送。数组用作函数参数有两种形式,一种是把数组元素(下标变量)作为实参使用;另一种是把数组名作为函数的形参和实参使用。

1. 数组元素作函数实参

数组元素就是下标变量,它与普通变量并无区别。因此它作为函数实参使用与普通变量是完全相同的,在发生函数调用时,把作为实参的数组元素的值传送给形参,实现单向的值传送。

【例 7-5】判别一个整数数组中各元素的值,若大于 0 则输出该值,若小于等于 0 则输出 0 值。编程如下:

```
void nzp(int v)
{
    if(v>0)
      printf("%d ",v);
    else
      printf("%d ",0);
}
main()
{
    int a[5],i;
    printf("input 5 numbers\n");
    for(i=0;i<5;i++)
      {scanf("%d",&a[i]);
       nzp(a[i]);}
}
```

本程序中首先定义一个无返回值函数 nzp,并说明其形参 v 为整型变量。在函数体中根据 v 值输出相应的结果。在 main 函数中用一个 for 语句输入数组各元素,每输入一个就以该元素作实参调用一次 nzp 函数,即把 a[i]的值传送给形参 v,供 nzp 函数使用。

2. 数组名作为函数参数

用数组名作函数参数与用数组元素作实参有几点不同：

用数组元素作实参时，只要数组类型和函数的形参变量的类型一致，那么作为下标变量的数组元素的类型也和函数形参变量的类型是一致的。因此，并不要求函数的形参也是下标变量。换句话说，对数组元素的处理是按普通变量对待的。用数组名作函数参数时，则要求形参和相对应的实参都必须是类型相同的数组，都必须有明确的数组说明。当形参和实参二者不一致时，即会发生错误。

在普通变量或下标变量作函数参数时，形参变量和实参变量是由编译系统分配的两个不同的内存单元。在函数调用时发生的值传送是把实参变量的值赋予形参变量。在用数组名作函数参数时，不是进行值的传送，即不是把实参数组的每一个元素的值都赋予形参数组的各个元素。因为实际上形参数组并不存在，编译系统不为形参数组分配内存。那么，数据的传送是如何实现的呢？我们曾介绍过，数组名就是数组的首地址。因此在数组名作函数参数时所进行的传送只是地址的传送，也就是说把实参数组的首地址赋予形参数组名。形参数组名取得该首地址之后，也就等于有了实在的数组。实际上是形参数组和实参数组为同一数组，共同拥有一段内存空间。

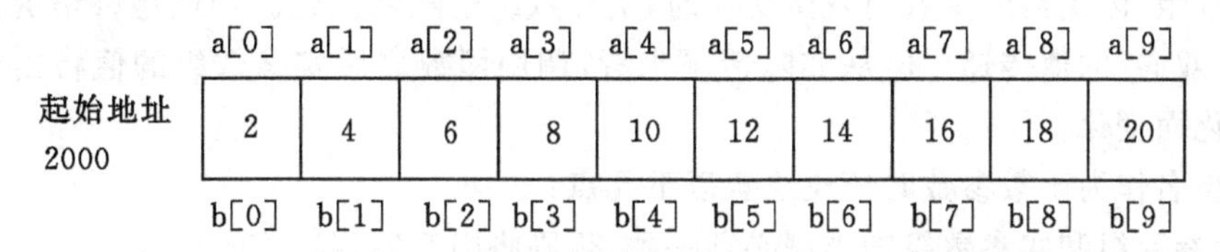

上图说明了这种情形。图中设 a 为实参数组，类型为整型。a 占有以 2000 为首地址的一块内存区。b 为形参数组名。当发生函数调用时，进行地址传送，把实参数组 a 的首地址传送给形参数组名 b，于是 b 也取得该地址 2000。于是 a，b 两数组共同占有以 2000 为首地址的一段连续内存单元。从图中还可以看出 a 和 b 下标相同的元素实际上也占相同的两个内存单元(整型数组每个元素占二字节)。例如 a[0]和 b[0]都占用 2000 和 2001 单元，当然 a[0]等于 b[0]。类推则有 a[i]等于 b[i]。

【例 7-6】 数组 a 中存放了一个学生 5 门课程的成绩，求平均成绩。

```
float aver(float a[5])
{
    int i;
    float av,s = a[0];
    for(i = 1;i<5;i + + )
      s = s + a[i];
    av = s/5;
    return av;
}
void main()
{
```

```
    float sco[5],av;
    int i;
    printf("\ninput 5 scores:\n");
    for(i=0;i<5;i++)
      scanf("%f",&sco[i]);
    av=aver(sco);
    printf("average score is %5.2f",av);
}
```

本程序首先定义了一个实型函数aver,有一个形参为实型数组a,长度为5。在函数aver中,把各元素值相加求出平均值,返回给主函数。主函数main中首先完成数组sco的输入,然后以sco作为实参调用aver函数,函数返回值送av,最后输出av值。从运行情况可以看出,程序实现了所要求的功能。

前面已经讨论过,在变量作函数参数时,所进行的值传送是单向的。即只能从实参传向形参,不能从形参传回实参。形参的初值和实参相同,而形参的值发生改变后,实参并不变化,两者的终值是不同的。而当用数组名作函数参数时,情况则不同。由于实际上形参和实参为同一数组,因此当形参数组发生变化时,实参数组也随之变化。当然这种情况不能理解为发生了"双向"的值传递。但从实际情况来看,调用函数之后实参数组的值将由于形参数组值的变化而变化。

用数组名作为函数参数时还应注意以下几点:

(1)形参数组和实参数组的类型必须一致,否则将引起错误。

(2)形参数组和实参数组的长度可以不相同,因为在调用时,只传送首地址而不检查形参数组的长度。当形参数组的长度与实参数组不一致时,虽不至于出现语法错误(编译能通过),但程序执行结果将与实际不符,这是应予以注意的。

7.2.4　函数的返回值

函数调用执行后的结果称为函数的返回值,通过返回语句到主调函数中。函数返回语句的一般格式如下:

return 表达式 或 return(表达式)

功能就是把表达式的值返回到主调函数中,如例7.2。return语句返回值的类型必须与函数定义时候的类型标识符所指定的类型一致,若不一致则以函数定义的类型为准。在一个子函数中可以包括多个return语句,但是一个子函数的调用,只有一个return语句被执行,执行了return语句后,就退出子函数返回到主调函数中。

注意:

如果被调用函数中无return语句,该函数并不是没有返回值,而是会返回一个不确定的、用户不需要的函数值,这种情况要尽量的避免。因此,对于明确无返回值的函数,在定义的时候,应使用void类型标识符指明。

【例7-7】打印正文中指定单词所在的行。

本程序的基本结构可以简单地确定为:

While(读入一行正确)

If(存在指定的单词)　　打印此行

具体实现时,显然用函数较方便。用 getline()函数读入一行,用 index()函数确定读入行中是否存在指定的单词,用 printf()函数打印满足条件的行。规定 getline(s,lim)函数中参数 s 用来返回读入的行,lim 表示读入的行的最大长度,返回值为读入行的长度,0 表示文件尾;函数 index(s,t)中参数 s 表示读入的当前行,t 表示指定的单词,返回值 −1 表示不存在指定的单词,大于等于零表示指定单词在当前行中的位置。

下面是具体的程序清单:

```
#define MAXLINE 100
#include <stdio.h>
Main()
{
    Char line[MAXLINE];/* 行缓冲区 */
    While(getline(line,MAXLINE) > 0)
                        /* 指定单词为"the" */
          If(index(line,"the") >= 0)
                        /* 打印指定单词的行 */
               printf("%s\n",line);
}
getline(s,lim)          /* 读入一行,返回行长度 */
char s[];
int lim;
{
   int c,i;
   i = 0;
   while(--lim > 0 &&(c = getchar()) != EOF && c != '\n')
        s[i++] = c;
   if(c == '\n') s[i++] = c;
   s[i] = '\0';
   return(i);
}
index(s,t)              /* 返回 t 在 s 中的位置,-1 表示 s 中不存在 t */
char s[],t[];
{
   int i,j,k;
   for(i = 0;s[i]! = '\0';i++)
     for(j = i,k = 0;t[k]! = '\0' && s[j] == t[k];j++,k++);
   return(i);
```

```
}
```

7.3 函数的嵌套调用

在C语言当中,函数定义是相互平行的,即在定义函数时,一个函数内不能包含另一个函数。C语言不支持嵌套定义函数,但可以嵌套调用函数。

函数的嵌套调用是指在调用一个函数的过程中,同时又调用了另外一个函数。如图7-2。

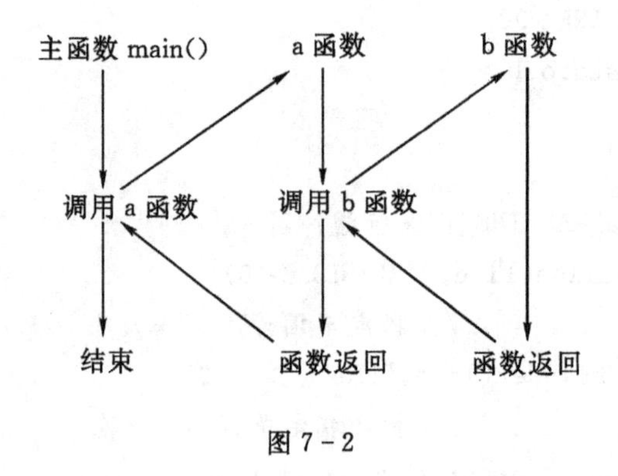

图 7-2

执行过程说明:

(1)执行 main 函数,遇到调用函数 a 的语句,执行流程转至 a 函数。

(2)执行 a 函数,遇到调用函数 b 的语句,执行流程转至 b 函数。

(3)执行 b 函数,执行结束后,执行流程转回 a 函数中调用 b 函数的位置。

(4)继续执行 a 函数,直至执行结束,执行流程转回主函数 main 中调用 a 函数的位置。

(5)继续执行 main 函数,直至结束。

【例 7-8】输入一个整数 n,求 $1^2+2^2+3^2+\cdots+n^2$的值。

```
int sum1(int a)
{
    int b;
    b = a * a;
    return(b);
}
void sum2(int a)
{
    int i;
    long s = 0;
    for(i = 1;i< = a;i + + )
      s = s + sum1(i);
    printf("sum = %d",s);
```

```
}
main()
{   int n;
    scanf("%d\n",&n);
    sum2(n);
}
```

运行情况如下：

输入 10

sum = 385

上述程序嵌套调用过程见图 7 - 3。

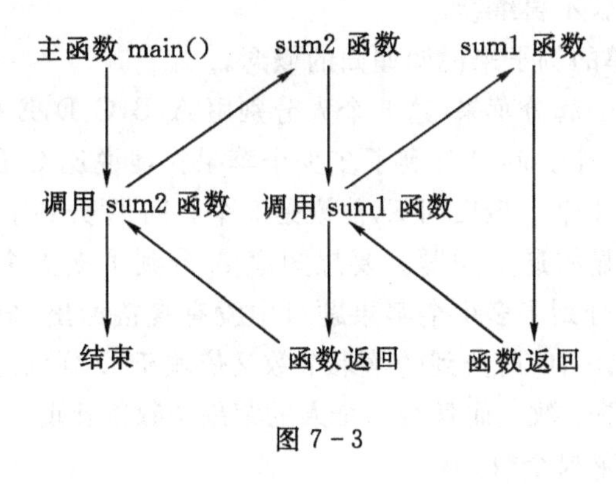

图 7 - 3

7.4　函数的递归调用

在调用一个函数的过程中出现调用该函数本身，我们称之为函数的递归调用。递归调用本身是一种数学方法，该方法的基本思想如下：

问题 A 的求解依赖于问题 B 的求解；而问题 B 的求解又依赖于问题 C 的求解；……依此类推，直到归结到一个已知的结果，然后开始沿原路返回，最后回归到问题 A 的求解，从而将问题 A 解决。如图 7 - 4。

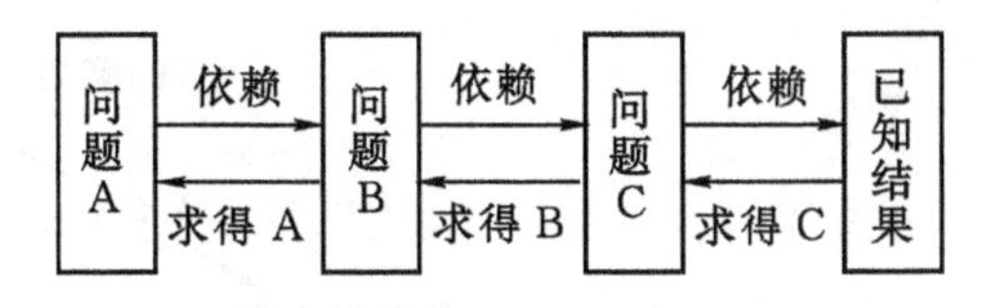

图 7 - 4

C 语言中，函数的递归调用有两种，分别是直接调用(图 7 - 5(a))和间接调用(图 7 - 5(b))。

从上图，我们可看到，这两种递归调用都是无终止的自身调用，但是在程序中不应该出现这种无终止的递归调用。因此，我们一般会使用 if 语句来控制，只有在某一条件成立时才

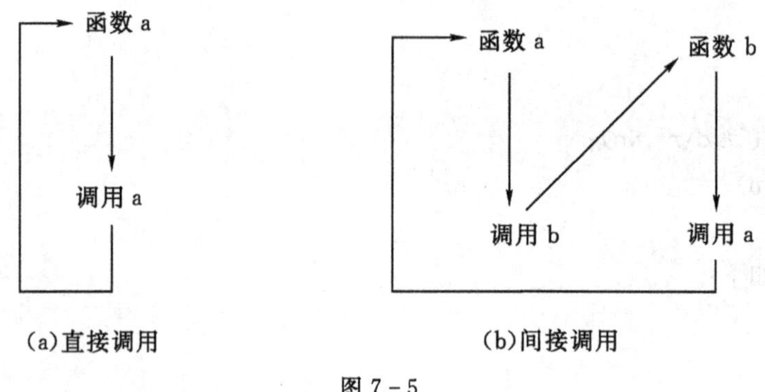

图 7-5

继续执行递归调用，否则就不再继续。

下面我们用一个简单的例子来说明递归的概念。

【例 7-9】有 5 个人坐在一起分苹果(这 5 个人分别用 A,B,C,D,E 来表示)，问 A 分到了多少个苹果？他说比 B 多 1 个。问 B 分到了多少个苹果？他说比 C 多 1 个。问 C，又说比 D 多 1 个。问 D，说比 E 多 1 个。最后问 E，他说是 5 个。问 A 分到了多少个苹果。

分析：这是一个很明显的递归问题。要想知道 A 分到了多少个苹果，必须要先知道 B 分到了多少个苹果，而 B 分到了多少个苹果题目中没有直接给出，根据题意，我们需要根据 C 分到的苹果个数才能求出，C 所分到的苹果个数又依赖于 D 分到的苹果个数，D 分到的苹果个数又取决于 A 的苹果个数。而且每一个人的苹果个数都比前一个人多 1 个。我们用图 7-6 来表示求 A 分到的苹果个数。

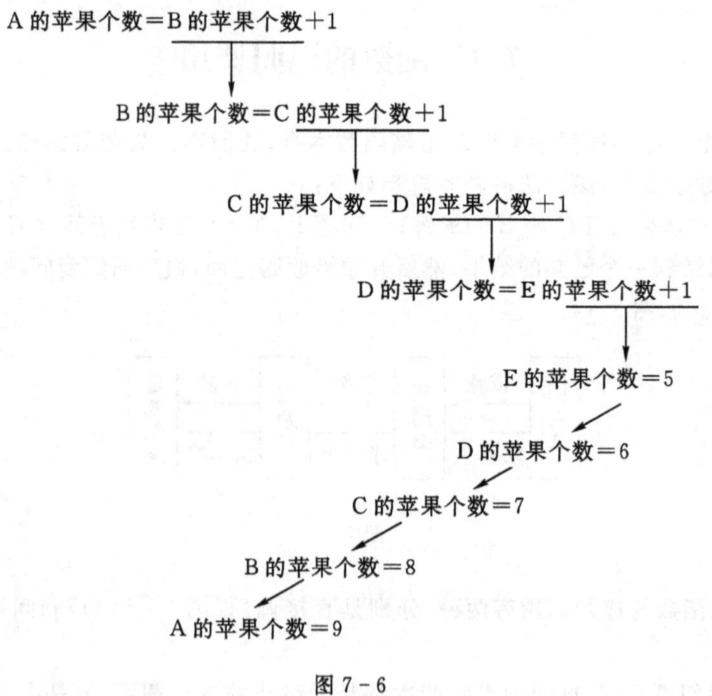

图 7-6

从上图我们可以看出，整个求解过程分成两个阶段：第一阶段是“回推”，也就是将 A 的苹果个数表示为 B 的苹果个数的函数，B 的苹果个数用 C 的苹果个数的函数表示……直到 E 的苹果个数。根据题意，E 的苹果个数已知为 5 个，这时就不必向前推。然后开始第二阶段，采用递推方法，从 E 的苹果个数推算出 D 的苹果个数，从 D 的苹果个数推算出 C 的苹果个数……一直推算出 A 的苹果个数为止。

上述过程用 C 语言实现如下：

```
#include <stdio.h>
int quantity(int n)
{
    int q;
    if(n == 1)
    {
      q = 5;
    }
    else
    {
      q = quantity(n - 1) + 1;
    }
    return(q);
}
void main()
{
    printf("%d\n",quantity(5));
}
```

运行结果如下：

```
9
```

从上述程序中，我们可以看出，整个问题的求解全靠一个 quantity(5)函数调用来解决。quantity 函数共被调用了 5 次，除了 quantity(5)是在主函数中调用的，其他 4 次均在 quantity 函数中调用的，也就是说递归调用了 4 次。在某一次调用 quantity 函数时并不是立即得到了 quantity(n)的值，而是一次又一次地进行递归调用，到 quantity(1)才有确定的值，然后再递推出 quantity(2)、quantity(3)、quantity(4)、quantity(5)。

【例 7-10】 Hanoi 塔问题：一块板上有三根针，A，B，C。A 针上套有 64 个大小不等的圆盘，大的在下，小的在上。要把这 64 个圆盘从 A 针移动到 C 针上，每次只能移动一个圆盘，移动可以借助 B 针进行。但在任何时候，任何针上的圆盘都必须保持大盘在下，小盘在上。求移动的步骤。

本题算法分析如下，设 A 上有 n 个盘子。

如果 n=1，则将圆盘从 A 直接移动到 C。

如果 n=2，则：

(1)将A上的n－1(等于1)个圆盘移到B上；

(2)再将A上的一个圆盘移到C上；

(3)最后将B上的n－1(等于1)个圆盘移到C上。

如果n＝3,则：

(1)将A上的n－1(等于2,令其为n′)个圆盘移到B(借助于C),步骤如下：

①将A上的n′－1(等于1)个圆盘移到C上。

②将A上的一个圆盘移到B。

③将C上的n′－1(等于1)个圆盘移到B。

(2)将A上的一个圆盘移到C。

(3)将B上的n－1(等于2,令其为n′)个圆盘移到C(借助A),步骤如下：

①将B上的n′－1(等于1)个圆盘移到A。

②将B上的一个盘子移到C。

③将A上的n′－1(等于1)个圆盘移到C。

到此,完成了三个圆盘的移动过程。

从上面分析可以看出,当n大于等于2时,移动的过程可分解为三个步骤：

第一步　把A上的n－1个圆盘移到B上；

第二步　把A上的一个圆盘移到C上；

第三步　把B上的n－1个圆盘移到C上;其中第一步和第三步是类同的。

当n＝3时,第一步和第三步又分解为类同的三步,即把n′－1个圆盘从一个针移到另一个针上,这里的n′＝n－1。显然这是一个递归过程,据此算法可编程如下：

```
move(int n,int x,int y,int z)
{
    if(n == 1)
      printf("%c-->%c\n",x,z);
    else
    {
      move(n-1,x,z,y);
      printf("%c-->%c\n",x,z);
      move(n-1,y,x,z);
    }
}
main()
{
    int h;
    printf("\ninput number:\n");
    scanf("%d",&h);
    printf("the step to moving %2d diskes:\n",h);
    move(h,'a','b','c');
}
```

从程序中可以看出，move函数是一个递归函数，它有四个形参n,x,y,z。n表示圆盘数，x,y,z分别表示三根针。move函数的功能是把x上的n个圆盘移动到z上。当n==1时，直接把x上的圆盘移至z上，输出x→z。如n!=1则分为三步：递归调用move函数，把n−1个圆盘从x移到y；输出x→z；递归调用move函数，把n−1个圆盘从y移到z。在递归调用过程中n=n−1，故n的值逐次递减，最后n=1时，终止递归，逐层返回。当n=4时程序运行的结果为：

```
input number:
4
the step to moving 4 diskes:
a→b
a→c
b→c
a→b
c→a
c→b
a→b
a→c
b→c
b→a
c→a
b→c
a→b
a→c
b→c
```

7.5 变量的作用域与存储类别

7.5.1 变量的作用域

在C语言中，从变量的作用域的角度来分，变量有局部变量和全局变量之分，它们之间的区别在于作用范围不同。

1. 局部变量

在一个函数内部定义的变量，它只在本函数范围内有效，换句话说该变量只有在本函数内才能够使用，而在该函数外部，是不能使用这些变量的。这种变量我们称之为局部变量。

例如：

```
int test1(int a)
{
    int b,c;
```

```
    ……
    ……
}
int test2(int a)
{
    int b,c;
    ……
    ……
}
void main()
{
    int x,y;
    ……
    ……
}
```

说明：

(1)函数 test1 中的形参 a 和函数体内定义的变量 b、c 都是局部变量，它们只在该函数当中起作用。形参是一种特殊的局部变量。

(2)函数 test2 中的形参 a 和函数体内定义的变量 b、c 也是局部变量。C 语言中允许不同的函数可以使用相同名字的变量，但是它们之间互不干扰。函数 test1 中的变量 a 与函数 test2 中的变量 a，它们在内存当中占用的是不同的单元，互相独立的。变量 b,c 也是如此。

(3)在主函数 main()中定义的变量 x，y 也只在主函数中有效，而不因为在主函数中定义而在整个文件或程序中有效。主函数也不能使用其他函数中定义的变量。

(4)在一个函数内部，我们也可以在复合语句中定义变量，这些变量只在本复合语句中有效，这种复合语句也称为“分程序”或“程序块”。如：

```
void main()
{
    int a,b;
    ……
    ……
    {
        int c;      ⎫
        c=a+b;      ⎬ c只在此范围有效
        ……          ⎪
        ……          ⎭
    }
}
```

2. 全局变量

在函数内定义的变量是局部变量,而在函数之外定义的变量称为外部变量,外部变量是全局变量(也称之为全程变量)。全局变量可以被本程序中其他函数所共用,它的有效范围是从定义变量的位置开始到本程序结束。如:

```
int a,b;
void test1(intx)
{
    int y,z;
    ......
    ......
}
int c;
void test2(int x)
    int a,b;
    ......
    ......
}
void main()
{
    a = b + c;
}
```

（图中标注：从 int a,b; 到程序结束为“a,b 有效范围”；从 int c; 到程序结束为“c 的有效范围”；test2 中 int a,b; 起为“全局变量 a,b 失效,局部变量 a,b 有效”）

说明:

(1)设置全局变量的作用是增加了函数之间的数据联系渠道。

(2)当全局变量与局部变量发生冲突时,局部变量优先,全局变量暂时被屏蔽掉。

(3)在程序的执行过程中,全局变量在整个作用范围内都占用内存单元,而不是仅在需要时才开辟。

(4)全局变量过多,会降低程序的清晰性,会破坏程序的结构。不利于数据保护,因此应该尽量少用。

【例 7-11】 全局变量和局部变量的使用。

```
#include <stdio.h>
int a = 3,b = 5;
int max(int a,int b)
{
    int c;
    c = a>b? a:b;;
    return(c);
}
void main()
```

```
{
    int a = 8;
    printf("the max number is %d",max(a,b));
}
```

运行结果：

8

7.5.2 变量的存储类别

存储类别是指数据在内存中存储的方式。在C语言中，从变量的生存期角度来分，可以分为静态存储和动态存储两种存储方式。所谓静态存储方式是指在程序运行期间分配固定的存储空间的方式。动态存储方式则是在程序运行期间根据需要进行动态分配存储空间的方式。

内存中供用户使用的存储空间的情况如图7-7。

程序区
静态存储区
动态存储区

图7-7

数据分别存放在静态存储区和动态存储区中。全局变量全部存放在静态存储区中。在程序开始执行时给全局变量分配存储区，程序执行完毕就释放。

在动态存储区中存放的是函数的形参、局部变量、自动变量、函数调用时的现场保护和返回地址等。在程序执行过程中，它们的存储区是动态分配的，如果一个程序中两次调用同一函数，分配给函数中局部变量的存储区可能是不相同的。

在C语言中变量具体有四种存储方式：自动的(auto)，静态的(static)，寄存器的(register)，外部的(extern)。

1. auto 变量

自动(auto)变量都是动态分配存储空间的。这种变量是C语言中使用最多的变量。函数中的形参和在函数内定义的变量(包括在复合语句中定义的变量)，都属于此类。我们使用关键字 auto 来声明该类变量，但实际上，auto 可以省略。如：

```
int test(int a)  ⎫
{                ⎪
    auto int b;  ⎬ ,b,c 都属于自动变量
    int c;       ⎪
}                ⎭
```

2. register 变量

一般情况下，变量(无论是静态存储方式还是动态存储方式)的值是存放在内存中的。

如果某个变量使用频繁，则为了使用该变量而将其从内存中取出要花费不少的时间。所以，为了提高程序执行效率，C 语言允许将局部变量的值存放在 CPU 中的寄存器中，因为寄存器的存取速度远高于内存的存取速度。这种变量叫做寄存器变量，用关键字 register 作声明。如：

```
register int a;
```

寄存器变量只能用于整型和字符型变量，也只适用于局部变量和函数的形参，不能用于全局变量。

3. static 变量

我们在程序开发过程中，有时希望函数中的局部变量的值在函数调用结束后仍然保留原值，而不会被释放。这时就应该指定该局部变量为静态局部变量。用关键字 static 声明。

【例 7-12】静态局部变量的使用。

```
#include<stdio.h>
int test(int a)
{
    static int b=3;
    b=b+a;
    return(b);
}
void main()
{
    int a=2;
    for(int i=0;i<3;i++)
    {
        printf("%d",test(a));
    }
}
```

运行结果如下：

5 7 9

说明：

(1)第一次调用 test 函数时，b 的初值为 3，调用结束后 b 的值变为 5。由于 b 是静态局部变量，因此在函数调用完成后，b 并不释放，仍保留 b=5。在第二次调用的时候，b 的初值为上次调用结束时的值，应为 5。同样，第三次调用 b 的值应为 7。

(2)由该例可以看出，对静态变量的赋初值是在编译时进行的，也就是说只赋值一次。以后每次调用函数时不再重新赋初值而只是保留上次函数调用结束时的值。对于自动变量来说，赋初值是在函数调用时才进行的，每调一次就重新给一次初值。

(3)虽然静态局部变量在函数调用结束后仍然存在，但其他函数依然不能使用它。

(4)对于静态局部变量来说，若在定义时不赋初值，编译时将自动被赋初值 0 或者空字符(字符变量)。但是对于自动变量来说，若不赋初值则它的值是一个不确定的值，因为每次函数调用都会重新为自动变量分配存储单元，而该单元中的值是不确定的。

static 用来声明静态局部变量外，还可以用来定义静态全局变量。静态全局变量是指只在定义它的程序源文件中可见，但在其他的源文件中不可见的变量。一般的全局变量可以再声明为外部变量，从而被其他的源文件使用。而静态全局变量是不可以被声明为外部变量的。如：

```
static int a,b;
main()
{
    ……
    ……
}
```

其中变量 x,y 只在本文件中有效。

4. extern 变量

全局变量的作用域是从变量的定义处开始到本程序文件的末尾。现在我们可以使用 extern 来声明外部变量，进一步扩展外部变量的作用域。

1)在一个文件内的声明外部变量

如果有某个函数想在全局变量定义之前引用它们，则应该在引用之前用关键字 extern 对该变量作“外部变量声明”，表示该变量是一个已定义的外部变量。如：

```
int max(int x,int y)
{
    int max;
    max = x>y? x,y;
    return(z);
}
main()
{
    extern int a,b;
    printf("the max number is %d",max(a,b));
}
int a = 10,b = 20;
```

运行结果为：

```
20
```

说明：按照前面本书所讲述的来看，a 和 b 在 main 函数之后才定义的，因此它们是不能在 main 函数当中使用。但是我们在 main 函数中使用 extern 对 a 和 b 进行了“外部变量声明”，表示 a 和 b 是已经定义的外部变量。这样 main 当中才能合法使用全局变量 a 和 b。

2)在多文件的程序中声明外部变量

一个 C 程序可以由一个或多个源程序文件组成。如果该程序由多个源程序文件组成，那么在一个文件中想引用另一个文件中已定义的外部变量，我们必须在该文件中用 extern

对其进行外部说明。如：

文件 file1.c：

```
int a = 10,b = 20;
main()
{
    int x,s;
    x = 15;
    s = test(x);
}
```

文件 file2.c：

```
int test(int m)
{
    extern int a,b;
    return(a + b + m);
}
```

运行结果为：

```
45
```

说明：在文件 file2.c 中，声明变量 a 和 b 的时候，我们使用了 extern，它声明在本文件中出现的变量 a,b 是一个已经在其他文件中定义过的外部变量，本文件不必再为它分配内存。

注意：

这样使用全局变量应十分慎重。因为在执行一个文件中的函数时，可能会改变该全局变量的值，从而影响到另一个文件中的函数执行结果。

【例 7-13】 函数中不同存储类变量的作用。

```
#define LOW    0
#define HIGH   5
#define CHANGE 2
int i = LOW;
main()
{
int i = HIGH;
reset(i/2); printf("%d\n",i);
reset(i = i/2); printf("%d\n",i);
i = reset(i/2); printf("%d\n",i);
workover(i); printf("%d\n",i);
}
workover(i)
int i;
{
```

```
    i = (i % i) * ((i * i)/(2 * i) + 4);
    printf(" %d\n",i);
    return(i);
}
reset(i)
int i
{
    i = i< = CHANGE ? HIGH : LOW;
    return(i);
}
```

输出结果：

```
5
2
5
0
5
```

7.6　内部函数和外部函数

函数本质是全局的，因为一个函数很可能会被其他函数调用。但是，我们也可以指定某个函数不能被其他文件调用。从函数能否被其他源文件调用角度，我们可以将函数分为内部函数和外部函数。

7.6.1　内部函数

如果一个函数只能被本文件中的其他函数调用，我们称之为内部函数。在定义该函数的时候，在函数类型标识符前面加 static，定义格式如下：

static 类型标识符号 函数名(形参表)

这种函数又叫静态函数。这种函数的作用域只局限于所在文件。在不同的文件中有同名的静态函数，互相是不干扰的。

7.6.2　外部函数

外部函数是可以被其他源文件调用的。外部函数在定义的时候，在函数类型标识符前面加 extern。定义格式如下：

extern 类型标识符号 函数名(形参表)

C 语言中规定，若定义函数时 extern 可以省略。但是如此定义之后，该函数并不能直接在其他源文件中使用。我们还需要在调用此函数的文件中，用 extern 对函数作声明，表示该函数是其他文件中定义的外部函数。

【例 7-14】外部函数的使用。

```
file1.c:
#include <stdio.h>
void main()
{
    extern void test string_print(char str[]);
    char str[20];
    gets(str);
    string_print(str);
}
file2.c:
#include <stdio.h>
void string_print(char str[])
{
    printf("%s",str);
}
```

运行情况如下：

输入 abcdefg

输出 abcdefg

7.7 本章小结

1. 函数的分类

(1)库函数：由 C 系统提供的函数；

(2)用户定义函数：由用户自己定义的函数；

(3)有返回值的函数向调用者返回函数值，应说明函数类型（即返回值的类型）；

(4)无返回值的函数：不返回函数值，说明为空(void)类型；

(5)有参函数：主调函数向被调函数传送数据；

(6)无参函数：主调函数与被调函数间无数据传送；

(7)内部函数：只能在本源文件中使用的函数；

(8)外部函数：可在整个源程序中使用的函数。

2. 函数定义的一般形式

[extern/static] 类型说明符 函数名([形参表]) 方括号内为可选项。

3. 函数说明的一般形式

[extern] 类型说明符 函数名([形参表])；

4. 函数调用的一般形式

函数名([实参表])

5. 函数的参数分为形参和实参两种，形参出现在函数定义中，实参出现在函数调用中，发生函数调用时，将把实参的值传送给形参。

6. 函数的值是指函数的返回值，它是在函数中由 return 语句返回的。

7. 数组名作为函数参数时不进行值传送而进行地址传送。形参和实参实际上为同一数组的两个名称。因此形参数组的值发生变化，实参数组的值当然也变化。

8. C 语言中，允许函数的嵌套调用和函数的递归调用。

9. 可从三个方面对变量分类，即变量的数据类型、变量作用域和变量的存储类型。本章中介绍了变量的作用域和变量的存储类型。

10. 变量的作用域是指变量在程序中的有效范围，分为局部变量和全局变量。

11. 变量的存储类型是指变量在内存中的存储方式，分为静态存储和动态存储，表示了变量的生存期。

第8章　预处理命令

为了扩展C语言的编程环境，提高编程质量与技巧，C语言提供了编译预处理功能。预处理命令是由ANSI C统一规定的，但是预处理命令不是C语言的语句，不是C语言的组成部分。所谓预处理是指在进行编译的第一遍扫描（词法扫描和语法分析）之前所作的工作。预处理是C语言的一个重要功能，它由预处理程序负责完成。当对一个源文件进行编译时，系统将自动引用预处理程序对源程序中的预处理部分作处理，处理完毕自动进入对源程序的编译。C语言提供了多种预处理功能，主要有宏定义、文件包含、条件编译三种主要预处理命令。预处理命令均以“#”号开头，末尾不加分号，如包含命令#include，宏定义命令#define等。预处理命令可以出现在程序的任意位置，其作用范围是自出现点到所在源程序的结尾或由宏命令指定的终止位置。合理地使用预处理功能编写的程序便于阅读、修改、移植和调试，也有利于模块化程序设计。本章介绍常用的几种预处理功能。

8.1　宏定义

在C语言源程序中允许用一个标识符来表示一个字符串，称为“宏”。被定义为“宏”的标识符称为“宏名”。在编译预处理时，对程序中所有出现的“宏名”，都用宏定义中的字符串去代换，这称为“宏替换”或“宏展开”。宏定义是由源程序中的宏定义命令完成的。

宏是提供了一种机制，可以用来替换源程序中的字符串。从本质上来说就是“替换”，用一串字符串替换程序中指定的标识符，因此宏定义也叫宏替换。宏替换是由预处理程序自动完成的。

在C语言中，“宏”分为有参数和无参数两种。下面分别对这两种“宏”的定义和调用加以介绍。

8.1.1　无参宏定义

无参宏的宏名后不带参数。其定义的一般形式为：

#define　宏名　宏体

其中的“#”表示这是一条预处理命令。“define”为宏定义命令。“宏体”可以是常数、表达式、格式串等。

编译之前，预处理程序将该宏定义之后出现的所有宏名用宏体进行替换，只有在完成了这个过程之后，才将源程序交给编译系统。比如符号常量的定义就是一种无参宏定义。

如#define PI 3.1415926。它的作用是用宏名PI来替代宏体3.1415926，在预处理时，对程序中所有出现的“PI”，都用宏体中的3.1415926去代换。同样也可以对程序中反复使用的表达式进行宏定义。

例如：　#define M (y*y+3*y)

它的作用是指定标识符 M 来代替表达式(y * y+3 * y)。在编写源程序时,所有的(y * y+3 * y)都可由 M 代替,而对源程序作编译时,将先由预处理程序进行宏替换,即用(y * y+3 * y)表达式去置换所有的宏名 M,然后再进行编译。

【例 8-1】

```
#define M (y*y+3*y)
main(){
  int s,y;
  printf("input a number: ");
  scanf("%d",&y);
  s=3*M+4*M+5*M;
  printf("s=%d\n",s);
}
```

上例程序中首先进行宏定义,定义 M 来替代表达式(y * y+3 * y),在 s=3 * M+4 * M+5 * M 中作了宏调用。在预处理时经宏展开后该语句变为:

```
s=3*(y*y+3*y)+4*(y*y+3*y)+5*(y*y+3*y);
```

但要注意,在宏定义中表达式(y * y+3 * y)两边的括号不能少。否则会发生错误。如当作以下定义后:

```
#define M y*y+3*y
```

在宏展开时将得到下述语句:

```
s=3*y*y+3*y+4*y*y+3*y+5*y*y+3*y;
```

这相当于:

$3y^2+3y+4y^2+3y+5y^2+3y$;

显然与原题意要求不符。计算结果当然是错误的。因此在作宏定义时必须十分注意。应保证在宏替换之后不发生错误。

对于宏定义要说明以下几点:

(1)宏定义是用宏名来表示一个字符串,在宏展开时又以该字符串取代宏名,这只是一种简单的代换,字符串中可以含任何字符,可以是常数,也可以是表达式,预处理程序对它不作任何检查。如有错误,只能在编译已被宏展开后的源程序时发现。

(2)宏定义不是说明或语句,在行末不必加分号,如加上分号则连分号也一起置换。

(3)宏定义必须写在函数之外,其作用域为宏定义命令起到源程序结束或由宏命令指定的终止位置。如要终止其作用域可使用# undef 命令。

例如:

```
#define PI 3.14159
main()
{
  ……
}
#undef PI
```

```
f1()
{
  ......
}
```

表示 PI 只在 main 函数中有效，在 f1 中无效。

(4)宏名在源程序中若用引号括起来，则预处理程序不对其作宏替换。

【例 8-2】

```
#define OK 100
main()
{
  printf("OK");
  printf("\n");
}
```

上例中定义宏名 OK 表示 100，但在 printf 语句中 OK 被引号括起来，因此不作宏替换。程序的运行结果为：OK 只表示把“OK”当字符串处理。

(5)宏定义允许嵌套，在宏定义的字符串中可以使用已经定义的宏名。在宏展开时由预处理程序层层代换。

例如：

```
#define PI 3.1415926
#define S PI*y*y             /* PI 是已定义的宏名 */
```

对语句：

```
printf("%f",S);
```

在宏替换后变为：

```
printf("%f",3.1415926*y*y);
```

(6)习惯上宏名用大写字母表示，以便于与变量区别。但也允许用小写字母。

(7)用#define 命令还可以把多个语句定义为宏。

例：#define PRA printf("%d",123);printf("\n");

(8)当较长的宏定义在一行中写不下时，可以在本行末尾使用反斜杠表示要续行。例如：

```
#define preo printf("I am a \
          Student")
```

(9)可以使用宏定义构造任意字符串来改变 C 的语法符号。例如

```
#define ST struct
```

则在编写代码时都可以用 ST 来定义结构体。

8.1.2 带参宏定义

C 语言允许宏带有参数。在宏定义中的参数称为形式参数，在宏调用中的参数称为实际参数。

对带参数的宏，在调用中，不仅要宏展开，而且要用实参去代换形参。

带参宏定义的一般形式为：

#define　宏名(形参表)　　字符串

在字符串中含有各个形参。

带参宏调用的一般形式为：

宏名(实参表)

例如：

```
#define M(y) y*y+3*y          /*宏定义*/
  ……
k=M(5);                       /*宏调用*/
  ……
```

在宏调用时，用实参 5 去代替形参 y，经预处理宏展开后的语句为：

```
  k=5*5+3*5
```

【例 8-3】

```
#define MAX(a,b) (a>b)? a:b
main(){
  int x,y,max;
  printf("input two numbers:    ");
  scanf("%d%d",&x,&y);
  max=MAX(x,y);
  printf("max=%d\n",max);
}
```

上例程序的第一行进行带参宏定义，用宏名 MAX 表示条件表达式(a>b)? a:b，形参 a,b 均出现在条件表达式中。程序第六行 max=MAX(x,y)为宏调用，实参 x,y，将代换形参 a,b。宏展开后该语句为：

```
  max=(x>y)? x:y;
```

用于计算 x,y 中的大数。

对于带参的宏定义有以下问题需要说明：

(1)带参宏定义中，宏名和形参表之间不能有空格出现。

例如把：

```
#define MAX(a,b) (a>b)? a:b
```

写为：

```
#define MAX  (a,b)  (a>b)? a:b
```

将被认为是无参宏定义，宏名 MAX 代表字符串 (a,b) (a>b)? a:b。宏展开时，宏调用语句：

```
max=MAX(x,y);
```

将变为：

```
max=(a,b)(a>b)? a:b(x,y);
```

这显然是错误的。

(2)在带参宏定义中，形式参数不分配内存单元，因此不必作类型定义。而宏调用中的实参有具体的值。要用它们去代换形参，因此必须作类型说明。这是与函数中的情况不同的。在函数中，形参和实参是两个不同的量，各有自己的作用域，调用时要把实参值赋予形参，进行“值传递”。而在带参宏中，只是符号代换，不存在值传递的问题。

(3)在宏定义中的形参是标识符，而宏调用中的实参可以是表达式。

【例 8－4】

```
#define SQ(y) (y) * (y)
main(){
    int a,sq;
    printf("input a number:    ");
    scanf("%d",&a);
    sq = SQ(a + 1);
    printf("sq = %d\n",sq);
}
```

上例中第一行为宏定义，形参为 y。程序第六行宏调用中实参为 a+1，是一个表达式，在宏展开时，用 a+1 代换 y，再用(y) * (y) 代换 SQ，得到如下语句：

```
sq = (a + 1) * (a + 1);
```

这与函数的调用是不同的，函数调用时要把实参表达式的值求出来再赋予形参。而宏替换中对实参表达式不作计算直接地照原样代换。

(4)在宏定义中，字符串内的形参通常要用括号括起来以避免出错。在上例中的宏定义中(y) * (y)表达式的 y 都用括号括起来，因此结果是正确的。如果去掉括号，把程序改为以下形式。

【例 8－5】

```
#define SQ(y) y * y
main(){
    int a,sq;
    printf("input a number:    ");
    scanf("%d",&a);
    sq = SQ(a + 1);
    printf("sq = %d\n",sq);
}
```

运行结果为：

```
input a number:3
sq = 7
```

同样输入 3，但结果却是不一样的。问题在哪里呢？这是由于代换只作符号代换而不作其它处理而造成的。宏替换后将得到以下语句：

```
sq=a+1 * a+1;
```

由于a为3故sq的值为7。这显然与题意相违，因此参数两边的括号是不能少的。即使在参数两边加括号还是不够的，请看下面程序。

【例8-6】

```
#define SQ(y) (y)*(y)
main(){
    int a,sq;
    printf("input a number:    ");
    scanf("%d",&a);
    sq=160/SQ(a+1);
    printf("sq=%d\n",sq);
}
```

本程序与前例相比，只把宏调用语句改为：

```
sq=160/SQ(a+1);
```

运行本程序如输入值仍为3时，希望结果为10。但实际运行的结果如下：

```
input a number:3
sq=160
```

为什么会得这样的结果呢？分析宏调用语句，在宏替换之后变为：

```
sq=160/(a+1)*(a+1);
```

a为3时，由于"/"和"*"运算符优先级和结合性相同，则先作160/(3+1)得40，再作40*(3+1)最后得160。为了得到正确答案应在宏定义中的整个字符串外加括号，程序修改如下。

【例8-7】

```
#define SQ(y) ((y)*(y))
main(){
    int a,sq;
    printf("input a number:    ");
    scanf("%d",&a);
    sq=160/SQ(a+1);
    printf("sq=%d\n",sq);
}
```

以上讨论说明，对于宏定义不仅应在参数两侧加括号，也应在整个字符串外加括号。

(5)带参的宏和带参函数很相似，但有本质上的不同，除上面已谈到的各点外，把同一表达式用函数处理与用宏处理两者的结果有可能是不同的。

【例8-8】

```
main(){
    int i=1;
    while(i<=5)
      printf("%d\n",SQ(i++));
```

```
    }
    SQ(int y)
    {
      return((y) * (y));
    }
```

【例 8-9】

```
#define SQ(y) ((y) * (y))
main(){
  int i = 1;
  while(i<= 5)
    printf("%d\n",SQ(i++));
}
```

在例 8-8 中函数名为 SQ,形参为 Y,函数体表达式为((y) * (y))。在例 8-9 中宏名为 SQ,形参也为 y,字符串表达式为((y) * (y))。例 8-8 的函数调用为 SQ(i++),例 8-9 的宏调用为 SQ(i++),实参也是相同的。从输出结果来看,却大不相同。

分析如下:在例 8-8 中,函数调用是把实参 i 值传给形参 y 后自增 1。然后输出函数值。因而要循环 5 次。输出 1~5 的平方值。而在例 8-9 中宏调用时,只作代换。SQ(i++)被代换为((i++) * (i++))。在第一次循环时,由于 i 等于 1,其计算过程为:表达式中前一个 i 初值为 1,然后 i 自增 1 变为 2,因此表达式中第 2 个 i 初值为 2,两相乘的结果也为 2,然后 i 值再自增 1,得 3。在第二次循环时,i 值已有初值为 3,因此表达式中前一个 i 为 3,后一个 i 为 4,乘积为 12,然后 i 再自增 1 变为 5。进入第三次循环,由于 i 值已为 5,所以这将是最后一次循环。计算表达式的值为 5 * 6 等于 30。i 值再自增 1 变为 6,不再满足循环条件,停止循环。

从以上分析可以看出函数调用和宏调用二者在形式上相似,在本质上是完全不同的。

(6)宏定义也可用来定义多个语句,在宏调用时,把这些语句又代换到源程序内。看下面的例子。

【例 8-10】

```
#define SSSV(s1,s2,s3,v) s1 = l * w;s2 = l * h;s3 = w * h;v = w * l * h;
main(){
    int l = 3,w = 4,h = 5,sa,sb,sc,vv;
    SSSV(sa,sb,sc,vv);
    printf("sa = %d\nsb = %d\nsc = %d\nvv = %d\n",sa,sb,sc,vv);
}
```

程序第一行为宏定义,用宏名 SSSV 表示 4 个赋值语句,4 个形参分别为 4 个赋值符左部的变量。在宏调用时,把 4 个语句展开并用实参代替形参。使计算结果送入实参之中。

【例 8-11】 带参数宏定义的应用。

```
#include <stdio.h>
#define NEG(a) -a
```

```
#define TAB(c,i,oi,t)  if(c=='\t')\
        for(t=8-(i-oi-1)%8,oi=i;t;t--)\
        putchar(' ')
#define PR(a) printf("a=%d\t",(int)(a))
#define PRINT(a) PR(a);putchar('\n')
main()
{
  {
    int x=1;
    PRINT(-NEG(x));
  }
  {
   static char inpit[]="\twhich\tif?";
   char c;
   int i,oldi,temp;
   for(oldi=-1,i=0;
       (c=inpit[i])!='\0';i++)
       if(c<' ')
            TAB(c,i,oldi,temp);
       else
            putchar(c);
       putchar('\n');
  }
}
```

【例 8-12】用宏定义编写一个程序,将一个字符串中的小写字母变成大写字母。

```
#define IS_LOWER(x) (((x)>='a')&&((x)<='z'))
#define TO_UPPER(x) (IS_LOWER(x)? (x)-'a'+'A':(x))
  main
{
  char *p="abcDEfgh",*q;
  q=p;
  while(*p)
  {
     *p=TO_UPPER(*p);
     p++;
  }
   printf("%s\n",q);
}
```

运行结果：

ABCDEFGH

下面分析宏替换与函数调用的区别。尽管宏定义和函数在形式上十分相似，有时甚至无法区别开来，但是，它们在现实中有着截然不同的机制。下面从几个方面作一比较。

(1)宏替换在编译之前进行，替换后再进行编译，不减少目标模块的大小；函数调用在执行时进行，要一些额外的开销，如保留现场、传递参数、恢复现场等等，而宏定义不需要这些开销，因此，其效率一般都比相同功能的函数调用要高些。

(2)宏定义可以嵌套，即在宏定义中可以引用以前定义过的宏；函数定义不能嵌套，只能在一个函数内调用另外的函数。

(3)宏定义中对其参数及计算结果的类型没有限制；而函数调用对参数和返回值的类型有严格的限制。例如：# define SQ(x) ((x) * (x))可以用 SQ 计算任何类型的数的平方值..

(4)函数调用中，实参只计算一次，而在宏替换中参数可能计算多次；例如：在上例中，SQ(++a)；替换后变为：((++a) * (++a))；这时 a 实际上增加了两次。因此，必须注意宏定义中参数运算的副作用。例如上例中 a 为 5，则 SQ(++a)的值为 42。

(5)宏定义的参数只是做简单的替换，而函数调用时的参数的传递却有不同的方式，有传值调用和传址调用两种方式，而且在调用之前先计算表达式的值。有时用宏定义可以直接实现，而不必使用指针。

(6)函数只能有一个返回值且只有传址参数才能返回信息，而宏定义不存在这个限制。

从以上六点可以看出宏替换和函数调用的区别，在许多情况下，正确地使用宏替换会带来更大的方便。

8.2　文件包含

文件包含是 C 预处理程序的另一个重要功能。

文件包含命令行的一般形式为：

```
#include"文件名"
```

在前面我们已多次用此命令包含过库函数的头文件。例如：

```
#include"stdio.h"
#include"math.h"
```

文件包含命令的功能是把指定的文件插入该命令行位置取代该命令行，从而把指定的文件和当前的源程序文件连成一个源文件。

在程序设计中，文件包含是很有用的。一个大的程序可以分为多个模块，由多个程序员分别编程。有些公用的符号常量或宏定义等可单独组成一个文件，在其它文件的开头用包含命令包含该文件即可使用。这样，可避免在每个文件开头都去书写那些公用量，从而节省时间，并减少出错。

对文件包含命令还要说明以下几点。

(1)包含命令中的文件名可以用双引号括起来，也可以用尖括号括起来。例如以下写法都是允许的：

```
#include"stdio.h"
#include<math.h>
```

但是这两种形式是有区别的：使用尖括号表示在包含文件目录中去查找(包含目录是由用户在设置环境时设置的)，而不在源文件目录去查找。

使用双引号则表示首先在当前的源文件目录中查找，若未找到才到包含目录中去查找。用户编程时可根据自己文件所在的目录来选择某一种命令形式。

(2)一个 include 命令只能指定一个被包含文件，若有多个文件要包含，则需用多个include命令。

(3)文件包含允许嵌套，即在一个被包含的文件中又可以包含另一个文件。

8.3 条件编译

预处理程序提供了条件编译的功能。可以按不同的条件去编译不同的程序部分，因而产生不同的目标代码文件。这对于程序的移植和调试是很有用的。

条件编译有三种形式，下面分别介绍：

1.第一种形式

```
#ifdef  标识符
  程序段 1
#else
  程序段 2
#endif
```

它的功能是，如果标识符已被 #define 命令定义过则对程序段 1 进行编译；否则对程序段 2 进行编译。如果没有程序段 2(它为空)，本格式中的 #else 可以没有，即可以写为：

```
#ifdef  标识符
  程序段
#endif
```

【例 8-13】

```
#define NUM ok
main(){
  struct stu
  {
    int num;
    char *name;
    char sex;
    float score;
  }  *ps;
  ps=(struct stu*)malloc(sizeof(struct stu));
```

```
    ps->num=102;
    ps->name="Zhang ping";
    ps->sex='M';
    ps->score=62.5;
    #ifdef NUM
    printf("Number=%d\nScore=%f\n",ps->num,ps->score);
    #else
    printf("Name=%s\nSex=%c\n",ps->name,ps->sex);
    #endif
    free(ps);
}
```

由于在程序的第 16 行插入了条件编译预处理命令，因此要根据 NUM 是否被定义过来决定编译哪一个 printf 语句。而在程序的第一行已对 NUM 作过宏定义，因此应对第一个 printf 语句作编译故运行结果是输出了学号和成绩。

在程序的第一行宏定义中，定义 NUM 表示字符串 OK，其实也可以为任何字符串，甚至不给出任何字符串，写为：

```
#define NUM
```

也具有同样的意义。只有取消程序的第一行才会去编译第二个 printf 语句。读者可上机试作。

2. 第二种形式

```
#ifndef  标识符
    程序段 1
#else
    程序段 2
#endif
```

与第一种形式的区别是将“ifdef”改为“ifndef”。它的功能是，如果标识符未被 #define 命令定义过则对程序段 1 进行编译，否则对程序段 2 进行编译。这与第一种形式的功能正相反。

3. 第三种形式

```
#if 常量表达式
    程序段 1
#else
    程序段 2
#endif
```

它的功能是，如常量表达式的值为真(非 0)，则对程序段 1 进行编译，否则对程序段 2 进行编译。因此可以使程序在不同条件下，完成不同的功能。

【例 8-14】

```
#define R 1
main(){
  float c,r,s;
  printf ("input a number:  ");
  scanf(" %f",&c);
  #if R
    r=3.14159*c*c;
    printf("area of round is: %f\n",r);
  #else
    s=c*c;
    printf("area of square is: %f\n",s);
  #endif
}
```

本例中采用了第三种形式的条件编译。在程序第一行宏定义中,定义 R 为 1,因此在条件编译时,常量表达式的值为真,故计算并输出圆面积。

上面介绍的条件编译当然也可以用条件语句来实现。但是用条件语句将会对整个源程序进行编译,生成的目标代码程序很长,而采用条件编译,则根据条件只编译其中的程序段 1 或程序段 2,生成的目标程序较短。如果条件选择的程序段很长,采用条件编译的方法是十分必要的。

8.4　本章小结

(1)预处理功能是 C 语言特有的功能,它是在对源程序正式编译前由预处理程序完成的。程序员在程序中用预处理命令来调用这些功能。

(2)宏定义是用一个标识符来表示一个字符串,这个字符串可以是常量、变量或表达式。在宏调用中将用该字符串代换宏名。

(3)宏定义可以带有参数,宏调用时是以实参代换形参,而不是“值传送”。

(4)为了避免宏替换时发生错误,宏定义中的字符串应加括号,字符串中出现的形式参数两边也应加括号。

(5)文件包含是预处理的一个重要功能,它可用来把多个源文件连接成一个源文件进行编译,结果将生成一个目标文件。

(6)条件编译允许只编译源程序中满足条件的程序段,使生成的目标程序较短,从而减少了内存的开销并提高了程序的效率。

(7)使用预处理功能便于程序的修改、阅读、移植和调试,也便于实现模块化程序设计。

第9章 指 针

指针是C语言的精华部分，运用指针编程是C语言的重要特征之一。利用指针可以使程序简洁、紧凑、高效，还可以表示各种复杂的数据结构；能很方便地使用数组和字符串；支持动态内存分配，能很好地利用内存资源；可以得到多于一个的函数返回值等等。指针极大地丰富了C语言的功能。学习指针是学习C语言中最重要的一环，能否正确理解和使用指针是我们是否掌握C语言的一个标志。但是指针的概念比较复杂，使用也非常灵活，是C语言学习中最为困难的一部分，在学习中除了要正确理解基本概念，还必须要多编程，上机调试。只要做到这些，指针也是不难掌握的。

9.1 指针的基本概念

在计算机中，所有的数据使用时都是存放在主存储器(也就是内存)中的。主存储器的基本单元是字节，一般把主存储器中的一个字节称为一个内存单元，不同的数据类型所占的内存单元数不等，比如普通整型变量占2个内存单元，字符型变量占一个内存单元等等。为了正确的访问内存单元，必须给每个单元一个编号，这个编号就称为该内存单元的地址。一个地址唯一指向一个内存变量，我们把这个地址称为变量的指针。如果将变量的地址保存在内存的特定区域，也就是说用变量来存放这些地址，这样的变量就是指针变量。通过指针对所指向变量的访问方式称为间接访问方式。

比如为了打开一个A抽屉，可以有2种方法：一是直接用A钥匙将A抽屉打开，这被称为直接访问方式；另一种方法是将A钥匙放在B抽屉中，如果要打开A抽屉，则需要先取B钥匙，打开B抽屉，取出A钥匙之后才能打开A抽屉，这被称为间接访问方式。很明显，间接访问方式的安全性要高，但是时间会更长。

实际上，一个指针是一个地址，是一个常量。而一个指针变量却可以被赋予不同的指针值，是变量。因此我们说变量的地址就是指针，专门用来存放指针的变量就是指针变量。通常情况下我们常把指针变量简称为指针。指针是特殊类型的变量，其内容是变量的地址。指针变量的值不仅可以是变量的地址，也可以是其它数据结构的地址。比如在一个指针变量中可以存放一个数组或一个函数的首地址。

在一个指针变量中存放一个数组或一个函数的首地址有何意义呢？因为数组或函数都是连续存放的。通过访问指针变量取得了数组或函数的首地址，也就找到了该数组或函数。这样一来，凡是出现数组、函数的地方都可以用一个指针变量来表示，只要该指针变量中赋予数组或函数的首地址即可。这样做，将会使程序的概念十分清楚，程序本身也精练、高效。在C语言中，一种数据类型或数据结构往往都占有一组连续的内存单元。用“地址”这个概念并不能很好地描述一种数据类型或数据结构，而“指针”虽然实际上也是一个地址，但它却是一个数据结构的首地址，它是“指向”一个数据结构的，因而概念更为清楚，表示更为明确。

这也是引入“指针”概念的一个重要原因。

9.2　变量的指针和指向变量的指针变量

变量的指针就是变量的地址。存放变量地址的变量是指针变量。因此，一个指针变量的值就是某个变量的地址或称为某变量的指针。

9.2.1　定义一个指针变量

指针变量定义的一般形式为：

类型说明符　*变量名；

其中，* 表示这是一个指针变量，变量名即为定义的指针变量名，类型说明符表示本指针变量所指向的变量的数据类型。

例如：　int *p1；

表示 p1 是一个指针变量，它的值是某个整型变量的地址。或者说 p1 指向一个整型变量。至于 p1 究竟指向哪一个整型变量，应由向 p1 赋予的地址来决定。

再如：

```
int *p2;        /*p2 是指向整型变量的指针变量*/
float *p3;      /*p3 是指向浮点变量的指针变量*/
char *p4;       /*p4 是指向字符变量的指针变量*/
```

应该注意，一个指针变量只能指向同类型的变量，如 P3 只能指向浮点变量，不能时而指向一个浮点变量，时而又指向一个字符变量。

9.2.2　指针变量的引用

指针变量同普通变量一样，遵循先定义而后使用的原则。指针变量的赋值只能赋予地址，决不能赋予任何其它数据，否则将引起错误。在 C 语言中，变量的地址是由编译系统分配的，对用户完全透明，用户不知道变量的具体地址。

两个有关的运算符：

(1)&：取地址运算符。

(2)*：指针运算符(或称“间接访问”运算符)。

如 &a 表示变量 a 的地址，&b 表示变量 b 的地址。变量本身必须预先说明。

设有指向整型变量的指针变量 p，如要把整型变量 a 的地址赋予 p 可以有以下两种方式：

1. 指针变量初始化的方法

```
int a;
int *p=&a;
```

2. 赋值语句的方法

```
int a;
```

int * p;

p=&a;

不允许把一个数赋予指针变量,故下面的赋值是错误的:

int * p;

p=1000;

被赋值的指针变量前不能再加"*"说明符,如写为 * p=&a 也是错误的。

另外,指针变量和一般变量一样,存放在它们之中的值是可以改变的,也就是说可以改变它们的指向,假设

int i,j, * p1, * p2;

i='a';

j='b';

p1=&i;

p2=&j;

这时赋值表达式:p2=p1;就使 p2 与 p1 指向同一对象 i,此时 * p2 就等价于 i,而不是 j,如果执行如下表达式: * p2= * p1;则表示把 p1 指向的内容赋给 p2 所指的区域,

通过指针访问它所指向的一个变量是以间接访问的形式进行的,所以比直接访问一个变量要费时间,而且不直观,因为通过指针要访问哪一个变量,取决于指针的值(即指向),例如" * p2= * p1;"实际上就是"j=i;",前者不仅速度慢而且目的不明。但由于指针是变量,我们可以通过改变它们的指向,以间接访问不同的变量,这给程序员带来灵活性,也使程序代码编写得更为简洁和有效。

指针变量可出现在表达式中,设

int x,y, * px=&x;

指针变量 px 指向整数 x,则 * px 可出现在 x 能出现的任何地方。例如:

y= * px+5; /* 表示把 px 的内容加 5 并赋给 y */

y=++ * px; /* px 的内容加上 1 之后赋给 y,++ * px 相当于++(* px) */

y= * px++; /* 相当于 y= * px; px++ */

【例 9-1】

```
main()
{ int a,b;
  int *pointer_1, *pointer_2;
  a = 100;b = 10;
  pointer_1 = &a;
  pointer_2 = &b;
  printf("%d,%d\n",a,b);
  printf("%d,%d\n",*pointer_1, *pointer_2);
}
```

对程序的说明:

(1)在开头处虽然定义了两个指针变量 pointer_1 和 pointer_2,但它们并未指向任何一

个整型变量。只是提供两个指针变量,规定它们可以指向整型变量。程序第5、6行的作用就是使pointer_1指向a,pointer_2指向b。

(2)最后一行的*pointer_1和*pointer_2就是变量a和b。最后两个printf函数作用是相同的。

(3)程序中有两处出现*pointer_1和*pointer_2,请区分它们的不同含义。

(4)程序第5、6行的"pointer_1=&a"和"pointer_2=&b"不能写成"*pointer_1=&a"和"*pointer_2=&b"。

【例9-2】输入a和b两个整数,按先大后小的顺序输出a和b。

```
main()
{ int *p1,*p2,*p,a,b;
  scanf("%d,%d",&a,&b);
  p1=&a;p2=&b;
  if(a<b)
    {p=p1;p1=p2;p2=p;}
  printf("\na=%d,b=%d\n",a,b);
  printf("max=%d,min=%d\n",*p1, *p2);
}
```

9.2.3　指针变量作为函数参数

函数的参数不仅可以是整型、实型、字符型等数据,还可以是指针类型。它的作用是将一个变量的地址传送到另一个函数中。

【例9-3】题目同例9.2,即输入的两个整数按大小顺序输出。今用函数处理,而且用指针类型的数据作函数参数。

```
swap(int *p1,int *p2)
{ int temp;
  temp=*p1;
  *p1=*p2;
  *p2=temp;
}
main()
{
  int a,b;
  int *pointer_1,*pointer_2;
  scanf("%d,%d",&a,&b);
  pointer_1=&a;pointer_2=&b;
  if(a<b) swap(pointer_1,pointer_2);
  printf("\n%d,%d\n",a,b);
  }
```

对程序的说明：

swap 是用户定义的函数，它的作用是交换两个变量（a 和 b）的值。swap 函数的形参 p1、p2 是指针变量。程序运行时，先执行 main 函数，输入 a 和 b 的值。然后将 a 和 b 的地址分别赋给指针变量 pointer_1 和 pointer_2，使 pointer_1 指向 a，pointer_2 指向 b。接着执行 if 语句，由于 a<b，因此执行 swap 函数。注意实参 pointer_1 和 pointer_2 是指针变量，在函数调用时，将实参变量的值传递给形参变量。采取的依然是“值传递”方式。因此虚实结合后形参 p1 的值为 &a，p2 的值为 &b。这时 p1 和 pointer_1 指向变量 a，p2 和 pointer_2 指向变量 b。接着执行 swap 函数的函数体使 * p1 和 * p2 的值互换，也就是使 a 和 b 的值互换。函数调用结束后，p1 和 p2 不复存在。最后在 main 函数中输出的 a 和 b 的值是已经过交换的值。

请注意交换 * p1 和 * p2 的值是如何实现的。请找出下列程序段的错误：

```
swap(int *p1,int *p2)
{ int *temp;
  *temp = *p1;        /* 此语句有问题 */
  *p1 = *p2;
  *p2 = temp;
}
```

请考虑下面的函数能否实现实现 a 和 b 互换。

```
swap(int x,int y)
{int temp;
temp = x;
x = y;
y = temp;
}
```

要注意的是不能企图通过改变指针形参的值而使指针实参的值改变。来看下面的例子：

【例 9 - 4】

```
swap(int *p1,int *p2)
{ int *p;
  p = p1;
  p1 = p2;
  p2 = p;
}
main()
{
  int a,b;
  int *pointer_1,*pointer_2;
  scanf("%d,%d",&a,&b);
```

```
    pointer_1 = &a;pointer_2 = &b;
    if(a<b) swap(pointer_1,pointer_2);
    printf("\n%d,%d\n",*pointer_1,*pointer_2);
    }
```

【例 9-5】 输入 a,b,c 3 个整数,按大小顺序输出。

```
swap (int *pt1,int *pt2)
{ int temp;
  temp = *pt1;
  *pt1 = *pt2;
  *pt2 = temp;
}
exchange(int *q1,int *q2,int *q3)
{ if(*q1<*q2)swap(q1,q2);
  if(*q1<*q3)swap(q1,q3);
  if(*q2<*q3)swap(q2,q3);
}
main()
{
   int a,b,c,*p1,*p2,*p3;
   scanf("%d,%d,%d",&a,&b,&c);
   p1 = &a;p2 = &b; p3 = &c;
   exchange(p1,p2,p3);
   printf("\n%d,%d,%d \n",a,b,c);
   }
```

9.2.4　指针变量的进一步说明

指针变量可以进行某些运算,但其运算的种类是有限的。它只能进行赋值运算和部分算术运算及关系运算。

1. 指针运算符

(1)取地址运算符 &:取地址运算符 & 是单目运算符,其结合性为自右至左,其功能是取变量的地址。在 scanf 函数及前面介绍指针变量赋值中,我们已经了解并使用了 & 运算符。

(2)取内容运算符 *:取内容运算符 * 是单目运算符,其结合性为自右至左,用来表示指针变量所指的变量。在 * 运算符之后跟的变量必须是指针变量。

需要注意的是指针运算符 * 和指针变量说明中的指针说明符 * 不是一回事。在指针变量说明中,"*"是类型说明符,表示其后的变量是指针类型。而表达式中出现的"*"则是一个运算符用以表示指针变量所指的变量。

【例 9-6】

```
main(){
    int a=5,*p=&a;
    printf ("%d",*p);
}
```

表示指针变量 p 取得了整型变量 a 的地址。printf("%d",*p)语句表示输出变量 a 的值。

2. 指针变量的运算

(1)赋值运算:指针变量的赋值运算有以下几种形式。

①指针变量初始化赋值,前面已作介绍。

②把一个变量的地址赋予指向相同数据类型的指针变量。

例如:

```
int a,*pa;
pa=&a;    /*把整型变量 a 的地址赋予整型指针变量 pa*/
```

③把一个指针变量的值赋予指向相同类型变量的另一个指针变量。

如:

```
int a,*pa=&a,*pb;
pb=pa;    /*把 a 的地址赋予指针变量 pb*/
```

由于 pa,pb 均为指向整型变量的指针变量,因此可以相互赋值。

④把数组的首地址赋予指向数组的指针变量。

例如:

```
int a[5],*pa;
pa=a;
```

(数组名表示数组的首地址,故可赋予指向数组的指针变量 pa)

也可写为:

```
pa=&a[0];/*数组第一个元素的地址也是整个数组的首地址,也可赋予 pa*/
```

当然也可采取初始化赋值的方法:

```
int a[5],*pa=a;
```

⑤把字符串的首地址赋予指向字符类型的指针变量。

例如:

```
char *pc;
pc="C Language";
```

或用初始化赋值的方法写为:

```
char *pc="C Language";
```

这里应说明,并不是把整个字符串装入指针变量,而是把存放该字符串的字符数组的首地址装入指针变量。在后面还将详细介绍。

⑥把函数的入口地址赋予指向函数的指针变量。

例如：

```
int (*pf)();
```

表示pf是一个指向函数的指针变量，该函数的返回值是整型。变量pf中保存的是一个地址，该地址是一个函数的入口地址。

对于指向数组的指针变量，可以加上或减去一个整数n。设pa是指向数组a的指针变量，则pa+n，pa-n，pa++，++pa，pa--，--pa运算都是合法的。指针变量加或减一个整数n的意义是把指针指向的当前位置（指向某数组元素）向前或向后移动n个位置。应该注意，数组指针变量向前或向后移动一个位置和地址加1或减1在概念上是不同的。因为数组可以有不同的类型，各种类型的数组元素所占的字节长度是不同的。如指针变量加1，即向后移动1个位置表示指针变量指向下一个数据元素的首地址。而不是在原地址基础上加1。例如：

```
int a[5], *pa;
pa=a;      /* pa指向数组a，也是指向a[0] */
pa=pa+2;   /* pa指向a[2]，即pa的值为&pa[2] */
```

指针变量的加减运算只能对数组指针变量进行，对指向其它类型变量的指针变量作加减运算是毫无意义的。

(2)两个指针变量之间的运算：只有指向同一数组的两个指针变量之间才能进行运算，否则运算毫无意义。

①两指针变量相减：两指针变量相减所得之差是两个指针所指数组元素之间相差的元素个数。实际上是两个指针值（地址）相减之差再除以该数组元素的长度（字节数）。例如pf1和pf2是指向同一浮点数组的两个指针变量，设pf1的值为2010H，pf2的值为2000H，而浮点数组每个元素占4个字节，所以pf1-pf2的结果为(2000H-2010H)/4=4，表示pf1和pf2之间相差4个元素。两个指针变量不能进行加法运算。例如，pf1+pf2是什么意思呢？毫无实际意义。

②两指针变量进行关系运算：指向同一数组的两指针变量进行关系运算可表示它们所指数组元素之间的关系。

例如：

pf1==pf2表示pf1和pf2指向同一数组元素；

pf1>pf2表示pf1处于高地址位置；

pf1<pf2表示pf2处于低地址位置。

指针变量还可以与0比较。设p为指针变量，则p==0表明p是空指针，它不指向任何变量；p!=0表示p不是空指针。

空指针是由对指针变量赋予0值而得到的。

例如：

```
#define NULL 0
int *p=NULL;
```

对指针变量赋0值和不赋值是不同的。指针变量未赋值时，可以是任意值，是不能使用的。否则将造成意外错误。而指针变量赋0值后，则可以使用，只是它不指向具体的变量而已。

【例 9 - 7】

```
main(){
    int a=10,b=20,s,t,*pa,*pb; /*说明pa,pb为整型指针变量*/
    pa=&a;                     /*给指针变量pa赋值,pa指向变量a*/
    pb=&b;                     /*给指针变量pb赋值,pb指向变量b*/
    s=*pa+*pb;                 /*求a+b之和,(*pa就是a,*pb就是b)*/
    t=*pa**pb;                 /*本行是求a*b之积*/
    printf("a=%d\nb=%d\na+b=%d\na*b=%d\n",a,b,a+b,a*b);
    printf("s=%d\nt=%d\n",s,t);
}
```

【例 9 - 8】

```
main(){
  int a,b,c,*pmax,*pmin;            /*pmax,pmin为整型指针变量*/
  printf("input three numbers:\n"); /*输入提示*/
  scanf("%d%d%d",&a,&b,&c);         /*输入三个数字*/
  if(a>b){                          /*如果第一个数字大于第二个数字...*/
    pmax=&a;                        /*指针变量赋值*/
    pmin=&b;}                       /*指针变量赋值*/
  else{
    pmax=&b;                        /*指针变量赋值*/
    pmin=&a;}                       /*指针变量赋值*/
  if(c>*pmax) pmax=&c;              /*判断并赋值*/
  if(c<*pmin) pmin=&c;              /*判断并赋值*/
    printf("max=%d\nmin=%d\n",*pmax,*pmin);  /*输出结果*/
}
```

9.3　数组指针和指向数组的指针变量

一个变量有一个地址,一个数组包含若干元素,每个数组元素都在内存中占用存储单元,它们都有相应的地址。所谓数组的指针是指数组的起始地址,数组元素的指针是数组元素的地址。

9.3.1　指向数组元素的指针

一个数组是由连续的一块内存单元组成的。数组名就是这块连续内存单元的首地址。一个数组也是由各个数组元素(下标变量)组成的。每个数组元素按其类型不同占有几个连续的内存单元。一个数组元素的首地址也是指它所占有的几个内存单元的首地址。

定义一个指向数组元素的指针变量的方法,与以前介绍的指针变量相同。

例如：

int a[10]; 　/*定义a为包含10个整型数据的数组*/

int *p; 　/*定义p为指向整型变量的指针*/

应当注意，因为数组为int型，所以指针变量也应为指向int型的指针变量。下面是对指针变量赋值：

p=&a[0];

把a[0]元素的地址赋给指针变量p。也就是说，p指向a数组的第0号元素。

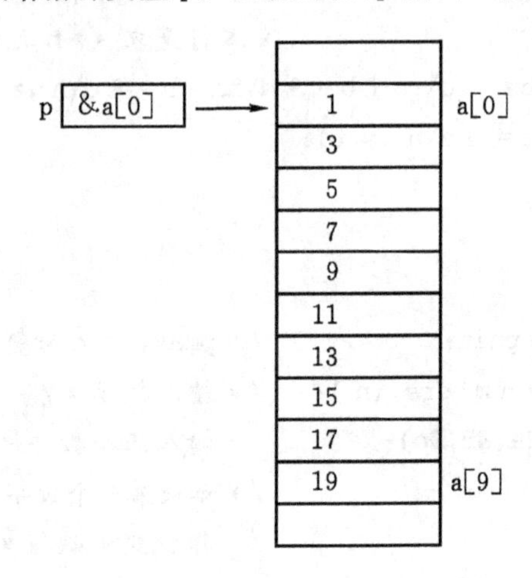

C语言规定，数组名代表数组的首地址，也就是第0号元素的地址。因此，下面两个语句等价：

p=&a[0];

p=a;

在定义指针变量时可以赋给初值：

int *p=&a[0];

它等效于：

int *p;

p=&a[0];

当然定义时也可以写成：

int *p=a;

从图中我们可以看出有以下关系：

p,a,&a[0]均指向同一单元，它们是数组a的首地址，也是0号元素a[0]的首地址。应该说明的是p是变量，而a,&a[0]都是常量。在编程时应予以注意。

数组指针变量说明的一般形式为：

类型说明符 *指针变量名；

其中类型说明符表示所指数组的类型。从一般形式可以看出指向数组的指针变量和指向普通变量的指针变量的说明是相同的。

9.3.2　通过指针引用数组元素

C 语言规定:如果指针变量 p 已指向数组中的一个元素,则 p+1 指向同一数组中的下一个元素。

引入指针变量后,就可以用两种方法来访问数组元素了。

如果 p 的初值为 &a[0],则:

(1)p+i 和 a+i 就是 a[i]的地址,或者说它们指向 a 数组的第 i 个元素。

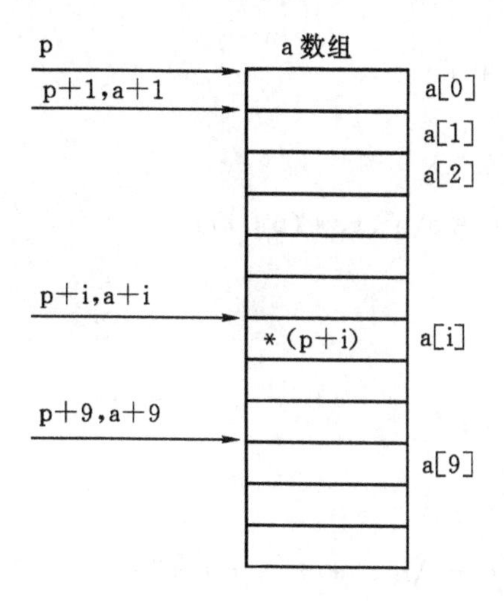

(2) *(p+i)或*(a+i)就是 p+i 或 a+i 所指向的数组元素,即 a[i]。例如,*(p+5)或*(a+5)就是 a[5]。

(3)指向数组的指针变量也可以带下标,如 p[i]与*(p+i)等价。

根据以上叙述,引用一个数组元素可以用:

①下标法,即用 a[i]形式访问数组元素。在前面介绍数组时都是采用这种方法。

②指针法,即采用*(a+i)或*(p+i)形式,用间接访问的方法来访问数组元素,其中 a 是数组名,p 是指向数组的指针变量,其处值 p=a。

【例 9-9】输出数组中的全部元素(下标法)。

```
main(){
    int a[10],i;
    for(i=0;i<10;i++)
    a[i]=i;
  for(i=0;i<5;i++)
    printf("a[%d]=%d\n",i,a[i]);
}
```

【例 9-10】输出数组中的全部元素(通过数组名计算元素的地址,找出元素的值)。

```
main(){
    int a[10],i;
    for(i=0;i<10;i++)
```

```
        *(a+i)=i;
    for(i=0;i<10;i++)
        printf("a[%d]=%d\n",i,*(a+i));
}
```

【例9-11】输出数组中的全部元素(用指针变量指向元素)。

```
main(){
    int a[10],i,*p;
    p=a;
    for(i=0;i<10;i++)
        *(p+i)=i;
    for(i=0;i<10;i++)
        printf("a[%d]=%d\n",i,*(p+i));
}
```

【例9-12】

```
main(){
    int a[10],i,*p=a;
    for(i=0;i<10;){
        *p=i;
        printf("a[%d]=%d\n",i++,*p++);
    }
}
```

几个应注意的问题:

①指针变量可以实现本身的值的改变。如p++是合法的;而a++是错误的。因为a是数组名,它是数组的首地址,是常量。

②要注意指针变量的当前值。请看下面的程序。

【例9-13】找出错误。

```
main(){
  int *p,i,a[10];
  p=a;
  for(i=0;i<10;i++)
     *p++=i;
  for(i=0;i<10;i++)
     printf("a[%d]=%d\n",i,*p++);
}
```

【例9-14】改正。

```
main(){
  int *p,i,a[10];
  p=a;
```

```
    for(i=0;i<10;i++)
      *p++=i;
    p=a;
    for(i=0;i<10;i++)
      printf("a[%d]=%d\n",i,*p++);
}
```

③从上例可以看出,虽然定义数组时指定它包含10个元素,但指针变量可以指到数组以后的内存单元,系统并不认为非法。

④*p++,由于++和*同优先级,结合方向自右而左,等价于*(p++)。

⑤*(p++)与*(++p)作用不同。若p的初值为a,则*(p++)等价a[0],*(++p)等价a[1]。

⑥(*p)++表示p所指向的元素值加1。

⑦如果p当前指向a数组中的第i个元素,则

*(p--)相当于a[i--];

*(++p)相当于a[++i];

*(--p)相当于a[--i]。

9.3.3 数组名作函数参数

数组名可以作函数的实参和形参。如:

```
main()
{ int array[10];
    ……
    ……
f(array,10);
    ……
    ……
}


f(int arr[],int n);
{
    ……
    ……
}
```

array为实参数组名,arr为形参数组名。在学习指针变量之后就更容易理解这个问题了。数组名就是数组的首地址,实参向形参传送数组名实际上就是传送数组的地址,形参得到该地址后也指向同一数组。这就好象同一件物品有两个彼此不同的名称一样。

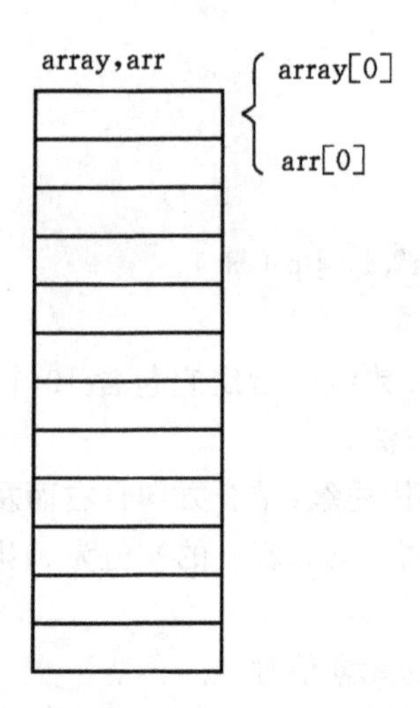

同样，指针变量的值也是地址，数组指针变量的值即为数组的首地址，当然也可作为函数的参数使用。

【例 9-15】

```
float aver(float *pa);
main(){
  float sco[5],av,*sp;
  int i;
  sp = sco;
  printf("\ninput 5 scores:\n");
  for(i=0;i<5;i++) scanf("%f",&sco[i]);
  av = aver(sp);
  printf("average score is %5.2f",av);
}
float aver(float *pa)
{
  int i;
  float av,s=0;
  for(i=0;i<5;i++) s=s+*pa++;
  av = s/5;
  return av;
}
```

【例 9-16】将数组 a 中的 n 个整数按相反顺序存放。

算法为：将 a[0]与 a[n－1]对换，再 a[1]与 a[n－2] 对换……，直到将 a[(n－1)/2]与 a[n－int((n－1)/2)]对换。今用循环处理此问题，设两个“位置指示变量”i 和 j，i 的初值为 0，j 的初值为 n－1。将 a[i]与 a[j]交换，然后使 i 的值加 1，j 的值减 1，再将 a[i]与 a[j]交换，直到 i=(n－1)/2 为止，如图所示。

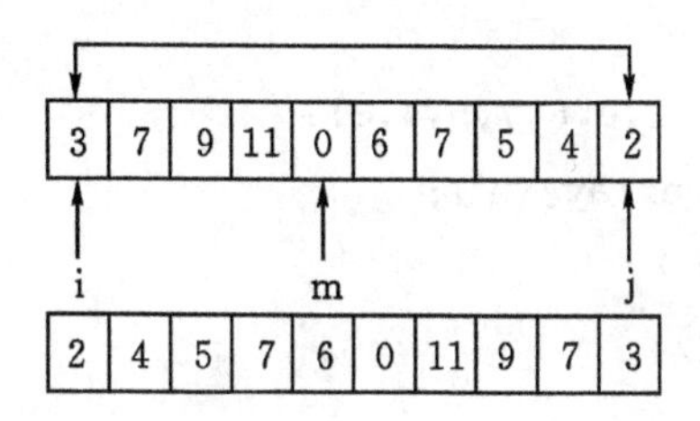

程序如下：

```
void inv(int x[],int n)     /* 形参 x 是数组名 */
{
  int temp,i,j,m = (n - 1)/2;
  for(i = 0;i< = m;i + + )
  {j = n - 1 - i;
   temp = x[i];x[i] = x[j];x[j] = temp;}
  return;
}
main()
{ int i,a[10] = {3,7,9,11,0,6,7,5,4,2};
  printf("The original array:\n");
  for(i = 0;i<10;i + + )
    printf(" % d,",a[i]);
  printf("\n");
  inv(a,10);
  printf("The array has been inverted:\n");
  for(i = 0;i<10;i + + )
    printf(" % d,",a[i]);
  printf("\n");
}
```

对此程序可以作一些改动。将函数 inv 中的形参 x 改成指针变量。

【例 9 - 17】对例 9 - 16 可以作一些改动。将函数 inv 中的形参 x 改成指针变量。

程序如下：

```
void inv(int  * x,int n)     /* 形参 x 为指针变量 */
{
  int * p,temp, * i, * j,m = (n - 1)/2;
  i = x;j = x + n - 1;p = x + m;
  for(;i< = p;i + + ,j - - )
    {temp =  * i; * i =  * j; * j = temp;}
  return;
}
```

```
main()
{ int i,a[10] = {3,7,9,11,0,6,7,5,4,2};
  printf("The original array:\n");
  for(i = 0;i<10;i + + )
    printf(" %d,",a[i]);
  printf("\n");
  inv(a,10);
  printf("The array has been inverted:\n");
  for(i = 0;i<10;i + + )
    printf(" %d,",a[i]);
  printf("\n");
}
```

运行情况与前一程序相同。

【例 9 - 18】从 10 个数中找出其中最大值和最小值。

调用一个函数只能得到一个返回值,今用全局变量在函数之间“传递”数据。程序如下:

```
int max,min;        /* 全局变量 */
void max_min_value(int array[],int n)
{ int *p, *array_end;
  array_end = array + n;
  max = min = *array;
  for(p = array + 1;p<array_end;p + + )
    if( *p>max)max = *p;
    else if ( *p<min)min = *p;
  return;
}
main()
{ int i,number[10];
  printf("enter 10 integer umbers:\n");
  for(i = 0;i<10;i + + )
    scanf(" %d",&number[i]);
  max_min_value(number,10);
  printf("\nmax = %d,min = %d\n",max,min);
}
```

说明:

(1)在函数 max_min_value 中求出的最大值和最小值放在 max 和 min 中。由于它们是全局,因此在主函数中可以直接使用。

(2)函数 max_min_value 中的语句:

max=min= *array;

array 是数组名，它接收从实参传来的数组 numuber 的首地址。

* array 相当于 *(&array[0])。上述语句与 max=min=array[0];等价。

(3)在执行 for 循环时，p 的初值为 array+1，也就是使 p 指向 array[1]。以后每次执行 p++，使 p 指向下一个元素。每次将 * p 和 max 与 min 比较。将大者放入 max，小者放 min。

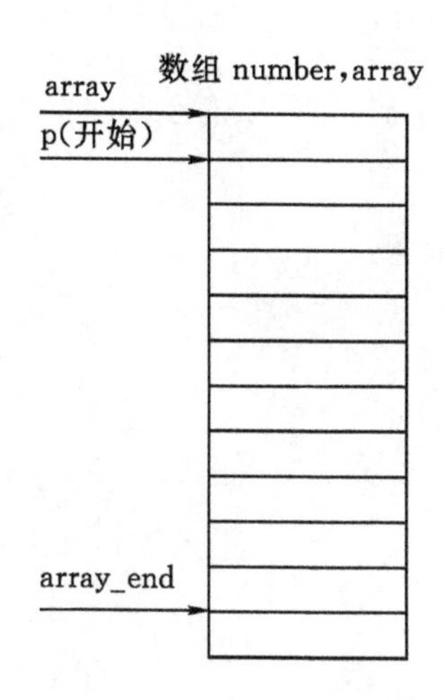

(4)函数 max_min_value 的形参 array 可以改为指针变量类型。实参也可以不用数组名，而用指针变量传递地址。

【例 9-19】程序可改为：

```
int max,min;            /* 全局变量 */
void max_min_value(int *array,int n)
{ int *p, *array_end;
  array_end = array + n;
  max = min = *array;
  for(p = array + 1;p<array_end;p++)
    if(*p>max)max = *p;
    else if (*p<min)min = *p;
  return;
}
main()
{ int i,number[10], *p;
  p = number;                /* 使 p 指向 number 数组 */

  printf("enter 10 integer umbers:\n");

  for(i = 0;i<10;i++,p++)
    scanf("%d",p);
```

```
  p = number;
  max_min_value(p,10);
  printf("\nmax = %d,min = %d\n",max,min);
}
```

归纳起来，如果有一个实参数组，想在函数中改变此数组的元素的值，实参与形参的对应关系有以下4种：

(1)形参和实参都是数组名。

```
main()
{ int a[10];
  ……
f(a,10);
  ………
}
f(int x[],int n)
{
  ……
}
```

a和x指的是同一组数组。

(2)实用数组，形参用指针变量。

```
main()
{ int a[10];
  ……
f(a,10)
  ……
}
f(int *x,int n)
  {
  ………


}
```

(3)实参、形参都用指针变量。

(4)实参为指针变量，形参为数组名。

【例9-20】用实参指针变量改写将n个整数按相反顺序存放。

```
void inv(int *x,int n)
{ int *p,m,temp,*i,*j;
  m = (n-1)/2;
  i = x;j = x + n - 1;p = x + m;
  for(;i<=p;i++,j--)
```

```
    {temp = *i; *i = *j; *j = temp;}
  return;
}
main()
{ int i,arr[10] = {3,7,9,11,0,6,7,5,4,2}, *p;
  p = arr;
  printf("The original array:\n");
  for(i = 0;i<10;i++,p++)
    printf("%d,", *p);
  printf("\n");
  p = arr;
  inv(p,10);
  printf("The array has been inverted:\n");
  for(p = arr;p<arr + 10;p++)
    printf("%d,", *p);
  printf("\n");
}
```

注意：

main函数中的指针变量p是有确定值的。即如果用指针变量作实参，必须现使指针变量有确定值，指向一个已定义的数组。

【例9-21】用选择法对10个整数排序。

```
main()
{ int *p,i,a[10] = {3,7,9,11,0,6,7,5,4,2};
  printf("The original array:\n");
  for(i = 0;i<10;i++)
    printf("%d,",a[i]);
  printf("\n");
  p = a;
  sort(p,10);
  for(p = a,i = 0;i<10;i++)
    {printf("%d  ", *p);p++;}
  printf("\n");
}
sort(int x[],int n)
{ int i,j,k,t;
  for(i = 0;i<n-1;i++)
    {k = i;
for(j = i + 1;j<n;j++)
```

```
    if(x[j]>x[k])k = j;
    if(k! = i)
    {t = x[i];x[i] = x[k];x[k] = t;}
    }
}
```

说明：函数 sort 用数组名作为形参，也可改为用指针变量，这时函数的首部可以改为：sort(int * x,int n) 其他可一律不改。

9.3.3 指向多维数组的指针变量

本小节以二维数组为例介绍多维数组的指针变量。

1. 多维数组的地址

设有整型二维数组 a[3][4]如下：

0　1　2　3

4　5　6　7

8　9　10　11

它的定义为：

int a[3][4]={{0,1,2,3},{4,5,6,7},{8,9,10,11}}

设数组 a 的首地址为 1000，各下标变量的首地址及其值如下图所示。

1000 0	1002 1	1004 2	1006 3
1008 4	1010 5	1012 6	1014 7
1016 8	1018 9	1020 11	1022 12

前面介绍过，C 语言允许把一个二维数组分解为多个一维数组来处理。因此数组 a 可分解为三个一维数组，即 a[0]，a[1]，a[2]。每一个一维数组又含有四个元素。

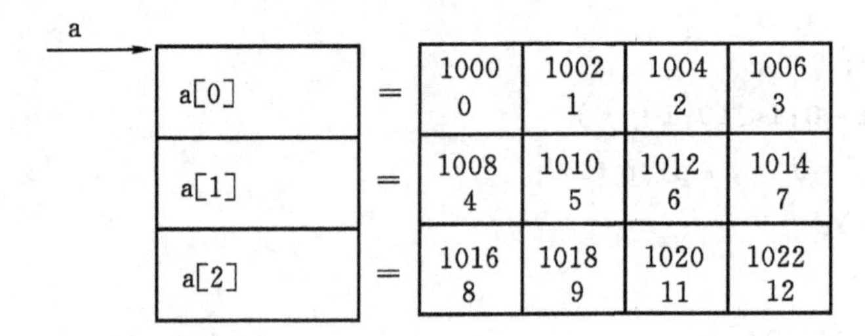

例如 a[0]数组，含有 a[0][0]，a[0][1]，a[0][2]，a[0][3]四个元素。

数组及数组元素的地址表示如下：

从二维数组的角度来看，a 是二维数组名，a 代表整个二维数组的首地址，也是二维数组 0 行的首地址，等于 1000。a+1 代表第一行的首地址，等于 1008。如下图所示。

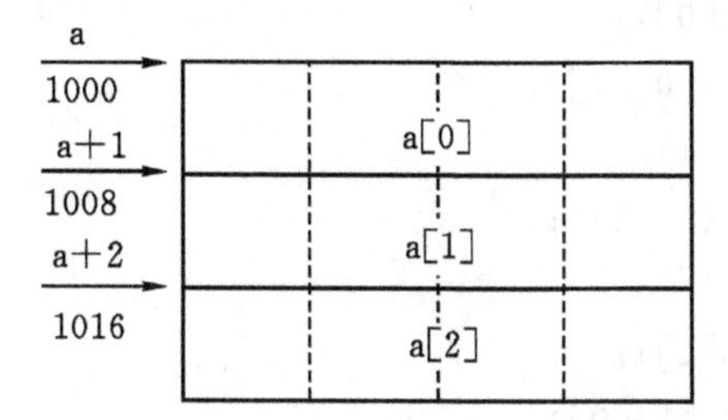

a[0]是第一个一维数组的数组名和首地址，因此也为1000。*(a+0)或*a是与a[0]等效的，它表示一维数组a[0]0号元素的首地址，也为1000。&a[0][0]是二维数组a的0行0列元素首地址，同样是1000。因此，a，a[0]，*(a+0)，*a，&a[0][0]是相等的。

同理，a+1是二维数组1行的首地址，等于1008。a[1]是第二个一维数组的数组名和首地址，因此也为1008。&a[1][0]是二维数组a的1行0列元素地址，也是1008。因此a+1，a[1]，*(a+1)，&a[1][0]是等同的。

由此可得出：a+i，a[i]，*(a+i)，&a[i][0]是等同的。

此外，&a[i]和a[i]也是等同的。因为在二维数组中不能把&a[i]理解为元素a[i]的地址，不存在元素a[i]。C语言规定，它是一种地址计算方法，表示数组a第i行首地址。由此，我们得出：a[i]，&a[i]，*(a+i)和a+i也都是等同的。

另外，a[0]也可以看成是a[0]+0，是一维数组a[0]的0号元素的首地址，而a[0]+1则是a[0]的1号元素首地址，由此可得出a[i]+j则是一维数组a[i]的j号元素首地址，它等于&a[i][j]。

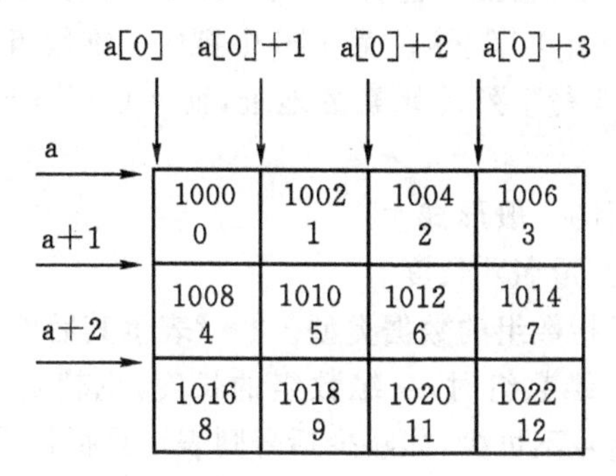

由a[i]=*(a+i)得a[i]+j=*(a+i)+j。由于*(a+i)+j是二维数组a的i行j列元素的首地址，所以，该元素的值等于*(*(a+i)+j)。

【例9-22】

```
main(){
int a[3][4]={0,1,2,3,4,5,6,7,8,9,10,11};
    printf("%d,",a);
    printf("%d,",*a);
    printf("%d,",a[0]);
```

```
        printf("%d,",&a[0]);
        printf("%d\n",&a[0][0]);
        printf("%d,",a+1);
        printf("%d,",*(a+1));
        printf("%d,",a[1]);
        printf("%d,",&a[1]);
        printf("%d\n",&a[1][0]);
        printf("%d,",a+2);
        printf("%d,",*(a+2));
        printf("%d,",a[2]);
        printf("%d,",&a[2]);
        printf("%d\n",&a[2][0]);
        printf("%d,",a[1]+1);
        printf("%d\n",*(a+1)+1);
        printf("%d,%d\n",*(a[1]+1),*(*(a+1)+1));
    }
```

2. 指向多维数组的指针变量

把二维数组 a 分解为一维数组 a[0],a[1],a[2]之后,设 p 为指向二维数组的指针变量。可定义为:

int (*p)[4]

它表示 p 是一个指针变量,它指向包含 4 个元素的一维数组。若指向第一个一维数组 a[0],其值等于 a,a[0],或 &a[0][0]等。而 p+i 则指向一维数组 a[i]。从前面的分析可得出 *(p+i)+j 是二维数组 i 行 j 列的元素的地址,而 *(*(p+i)+j)则是 i 行 j 列元素的值。

二维数组指针变量说明的一般形式为:

类型说明符 (*指针变量名)[长度];

其中“类型说明符”为所指数组的数据类型。“*”表示其后的变量是指针类型。“长度”表示二维数组分解为多个一维数组时,一维数组的长度,也就是二维数组的列数。应注意“(*指针变量名)”两边的括号不可少,如缺少括号则表示是指针数组(本章后面介绍),意义就完全不同了。

【例 9-23】

```
    main(){
        int a[3][4]={0,1,2,3,4,5,6,7,8,9,10,11};
        int(*p)[4];
        int i,j;
        p=a;
        for(i=0;i<3;i++)
        {for(j=0;j<4;j++) printf("%2d  ",*(*(p+i)+j));
```

```
    printf("\n");}
}
```

9.4 字符串的指针与指向字符串的针指变量

9.4.1 字符串的表示形式

在C语言中,可以用两种方法访问一个字符串。

(1)用字符数组存放一个字符串,然后输出该字符串。

【例9-24】

```
main(){
    char string[] = "I love China!";
    printf("%s\n",string);
}
```

说明:和前面介绍的数组属性一样,string是数组名,它代表字符数组的首地址。

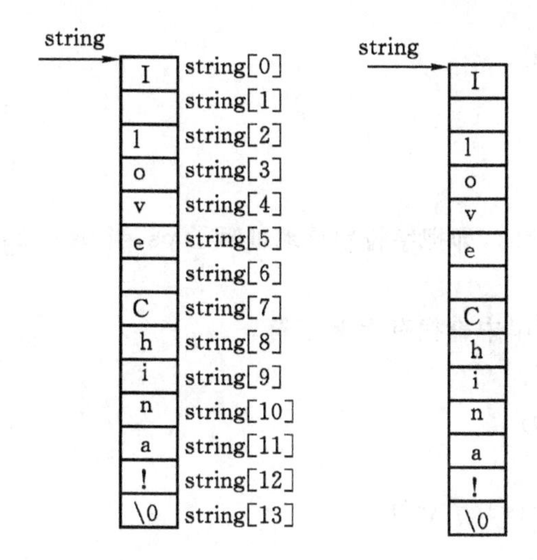

(2)用字符串指针指向一个字符串。

【例9-25】

```
main(){
    char *string = "I love China!";
    printf("%s\n",string);
}
```

字符串指针变量的定义说明与指向字符变量的指针变量说明是相同的。只能按对指针变量的赋值不同来区别。对指向字符变量的指针变量应赋予该字符变量的地址。

如:

```
char c, *p=&c;
```

表示p是一个指向字符变量c的指针变量。

而：

```
char *s="C Language";
```

则表示s是一个指向字符串的指针变量。把字符串的首地址赋予s。

上例中，首先定义string是一个字符指针变量，然后把字符串的首地址赋予string(应写出整个字符串，以便编译系统把该串装入连续的一块内存单元)，并把首地址送入string。程序中的：

```
char *ps="C Language";
```

等效于：

```
char *ps;
ps="C Language";
```

【例9-26】输出字符串中n个字符后的所有字符。

```
main(){
  char *ps="this is a book";
  int n=10;
  ps=ps+n;
  printf("%s\n",ps);
}
```

运行结果为：

book

在程序中对ps初始化时，即把字符串首地址赋予ps，当ps= ps+10之后，ps指向字符"b"，因此输出为"book"。

【例9-27】在输入的字符串中查找有无'k'字符。

```
main(){
   char st[20],*ps;
   int i;
   printf("input a string:\n");
   ps=st;
   scanf("%s",ps);
   for(i=0;ps[i]!='\0';i++)
     if(ps[i]=='k'){
        printf("there is a 'k' in the string\n");
        break;
     }
  if(ps[i]=='\0') printf("There is no 'k' in the string\n");
}
```

【例9-28】本例是将指针变量指向一个格式字符串，用在printf函数中，用于输出二维数组的各种地址表示的值。但在printf语句中用指针变量PF代替了格式串。这也是程序中常用的方法。

```
main(){
  static int a[3][4] = {0,1,2,3,4,5,6,7,8,9,10,11};
  char *PF;
  PF = "%d,%d,%d,%d,%d\n";
  printf(PF,a,*a,a[0],&a[0],&a[0][0]);
  printf(PF,a+1,*(a+1),a[1],&a[1],&a[1][0]);
  printf(PF,a+2,*(a+2),a[2],&a[2],&a[2][0]);
  printf("%d,%d\n",a[1]+1,*(a+1)+1);
  printf("%d,%d\n",*(a[1]+1),*(*(a+1)+1));
}
```

【例 9-29】本例是把字符串指针作为函数参数的使用。要求把一个字符串的内容复制到另一个字符串中，并且不能使用 strcpy 函数。函数 cprstr 的形参为两个字符指针变量。pss 指向源字符串，pds 指向目标字符串。注意表达式：(*pds= *pss)!='\0'的用法。

```
cpystr(char *pss,char *pds){
  while((*pds = *pss)! = '\0'){
    pds++;
    pss++; }
}
main(){
  char *pa = "CHINA",b[10],*pb;
  pb = b;
  cpystr(pa,pb);
  printf("string a = %s\nstring b = %s\n",pa,pb);
}
```

在本例中，程序完成了两项工作：一是把 pss 指向的源字符串复制到 pds 所指向的目标字符串中，二是判断所复制的字符是否为'\0'，若是则表明源字符串结束，不再循环。否则，pds 和 pss 都加 1，指向下一字符。在主函数中，以指针变量 pa，pb 为实参，分别取得确定值后调用 cprstr 函数。由于采用的指针变量 pa 和 pss，pb 和 pds 均指向同一字符串，因此在主函数和 cprstr 函数中均可使用这些字符串。也可以把 cprstr 函数简化为以下形式：

```
cprstr(char *pss,char *pds)
  {while ((*pds++ = *pss++)! = '\0');}
```

即把指针的移动和赋值合并在一个语句中。进一步分析还可发现'\0'的 ASCⅡ码为 0，对于 while 语句只看表达式的值为非 0 就循环，为 0 则结束循环，因此也可省去"!='\0'"这一判断部分，而写为以下形式：

```
cprstr (char *pss,char *pds)
      {while (*pdss++ = *pss++);}
```

表达式的意义可解释为，源字符向目标字符赋值，移动指针，若所赋值为非 0 则循环，否则结束循环。这样使程序更加简洁。

【例 9-30】简化后的程序如下所示。

```
cpystr(char *pss,char *pds){
    while(*pds++ = *pss++);
}
main(){
  char *pa="CHINA",b[10],*pb;
  pb=b;
  cpystr(pa,pb);
  printf("string a=%s\nstring b=%s\n",pa,pb);
}
```

9.4.2 使用字符串指针变量与字符数组的区别

用字符数组和字符指针变量都可实现字符串的存储和运算。但是两者是有区别的。在使用时应注意以下几个问题。

(1)字符串指针变量本身是一个变量,用于存放字符串的首地址。而字符串本身是存放在以该首地址为首的一块连续的内存空间中并以'\0'作为串的结束。字符数组是由于若干个数组元素组成的,它可用来存放整个字符串。

(2)对字符串指针方式

```
char *ps="C Language";
```

可以写为:

```
char *ps;
ps="C Language";
```

而对数组方式:

```
static char st[]={"C Language"};
```

不能写为:

```
char st[20];
st={"C Language"};
```

而只能对字符数组的各元素逐个赋值。

从以上几点可以看出字符串指针变量与字符数组在使用时的区别,同时也可看出使用指针变量更加方便。

前面说过,当一个指针变量在未取得确定地址前使用是危险的,容易引起错误。但是对指针变量直接赋值是可以的。因为C系统对指针变量赋值时要给以确定的地址。

因此

```
char *ps="C Langage";
```

或者

```
char *ps;
ps="C Language";
```

都是合法的。

9.5　函数指针变量

在 C 语言中,一个函数总是占用一段连续的内存区,而函数名就是该函数所占内存区的首地址。我们可以把函数的这个首地址(或称入口地址)赋予一个指针变量,使该指针变量指向该函数。然后通过指针变量就可以找到并调用这个函数。我们把这种指向函数的指针变量称为“函数指针变量”。

函数指针变量定义的一般形式为:

类型说明符　(* 指针变量名)();

其中“类型说明符”表示被指函数的返回值的类型。“(* 指针变量名)”表示“*”后面的变量是定义的指针变量。最后的空括号表示指针变量所指的是一个函数。

例如:

int (* pf)();

表示 pf 是一个指向函数入口的指针变量,该函数的返回值(函数值)是整型。

【例 9-31】本例用来说明用指针形式实现对函数调用的方法。

```
int max(int a,int b){
  if(a>b)return a;
  else return b;
}
main(){
  int max(int a,int b);
  int(* pmax)();
  int x,y,z;
  pmax = max;
  printf("input two numbers:\n");
  scanf("%d%d",&x,&y);
  z = (* pmax)(x,y);
  printf("maxmum = %d",z);
}
```

从上述程序可以看出用,函数指针变量形式调用函数的步骤如下:

(1)先定义函数指针变量,如后一程序中第 9 行 int (* pmax)();定义 pmax 为函数指针变量。

(2)把被调函数的入口地址(函数名)赋予该函数指针变量,如程序中第 11 行 pmax =max;

(3)用函数指针变量形式调用函数,如程序第 14 行 z=(* pmax)(x,y);

(4)调用函数的一般形式为:

(* 指针变量名)(实参表)

使用函数指针变量还应注意以下两点：

①函数指针变量不能进行算术运算，这是与数组指针变量不同的。数组指针变量加减一个整数可使指针移动指向后面或前面的数组元素，而函数指针的移动是毫无意义的。

②函数调用中"(*指针变量名)"的两边的括号不可少，其中的*不应该理解为求值运算，在此处它只是一种表示符号。

9.6　指针型函数

前面我们介绍过，所谓函数类型是指函数返回值的类型。在C语言中允许一个函数的返回值是一个指针(即地址)，这种返回指针值的函数称为指针型函数。

定义指针型函数的一般形式为：

```
类型说明符 *函数名(形参表)
{
……/*函数体*/
}
```

其中函数名之前加了"*"号表明这是一个指针型函数，即返回值是一个指针。类型说明符表示了返回的指针值所指向的数据类型。

如：

```
int *ap(int x,int y)
{
  ......        /*函数体*/
}
```

表示ap是一个返回指针值的指针型函数，它返回的指针指向一个整型变量。

【例9-32】本程序是通过指针函数，输入一个1～7之间的整数，输出对应的星期名。

```
main(){
  int i;
  char *day_name(int n);
  printf("input Day No:\n");
  scanf("%d",&i);
  if(i<0) exit(1);
  printf("Day No:%2d-->%s\n",i,day_name(i));
}
char *day_name(int n){
  static char *name[]={"Illegal day",
                       "Monday",
                       "Tuesday",
                       "Wednesday",
                       "Thursday",
```

```
                "Friday",
                "Saturday",
                "Sunday"};
    return((n<1||n>7) ? name[0] : name[n]);
}
```

本例中定义了一个指针型函数 day_name,它的返回值指向一个字符串。该函数中定义了一个静态指针数组 name。name 数组初始化赋值为 8 个字符串,分别表示各个星期名及出错提示。形参 n 表示与星期名所对应的整数。在主函数中,把输入的整数 i 作为实参,在 printf 语句中调用 day_name 函数并把 i 值传送给形参 n。day_name 函数中的 return 语句包含一个条件表达式,n 值若大于 7 或小于 1 则把 name[0]指针返回主函数输出出错提示字符串"Illegal day"。否则返回主函数输出对应的星期名。主函数中的第 7 行是个条件语句,其语义是,如输入为负数(i<0)则中止程序运行退出程序。exit 是一个库函数,exit(1)表示发生错误后退出程序,exit(0)表示正常退出。

应该特别注意的是函数指针变量和指针型函数这两者在写法和意义上的区别。如 int(* p)()和 int * p()是两个完全不同的量。

int (* p)()是一个变量说明,说明 p 是一个指向函数入口的指针变量,该函数的返回值是整型量,(* p)的两边的括号不能少。

int * p()则不是变量说明而是函数说明,说明 p 是一个指针型函数,其返回值是一个指向整型量的指针,* p 两边没有括号。作为函数说明,在括号内最好写入形式参数,这样便于与变量说明区别。

对于指针型函数定义,int * p()只是函数头部分,一般还应该有函数体部分。

9.7　指针数组和指向指针的指针

9.7.1　指针数组

一个数组的元素值为指针则是指针数组。指针数组是一组有序的指针的集合。指针数组的所有元素都必须是具有相同存储类型和指向相同数据类型的指针变量。

指针数组说明的一般形式为:

类型说明符 * 数组名[数组长度]

其中类型说明符为指针值所指向的变量的类型。

例如:

int * pa[3]

表示 pa 是一个指针数组,它有三个数组元素,每个元素值都是一个指针,指向整型变量。

【例 9-33】 通常可用一个指针数组来指向一个二维数组。指针数组中的每个元素被赋予二维数组每一行的首地址,因此也可理解为指向一个一维数组。

```
main(){
```

```
    int a[3][3] = {1,2,3,4,5,6,7,8,9};
    int *pa[3] = {a[0],a[1],a[2]};
    int *p = a[0];
    int i;
    for(i = 0;i<3;i++)
        printf("%d,%d,%d\n",a[i][2-i],*a[i],*(*(a+i)+i));
    for(i = 0;i<3;i++)
        printf("%d,%d,%d\n",*pa[i],p[i],*(p+i));
}
```

本例程序中,pa是一个指针数组,三个元素分别指向二维数组a的各行。然后用循环语句输出指定的数组元素。其中*a[i]表示i行0列元素值;*(*(a+i)+i)表示i行i列的元素值;*pa[i]表示i行0列元素值;由于p与a[0]相同,故p[i]表示0行i列的值;*(p+i)表示0行i列的值。读者可仔细领会元素值的各种不同的表示方法。

应该注意指针数组和二维数组指针变量的区别。这两者虽然都可用来表示二维数组,但是其表示方法和意义是不同的。

二维数组指针变量是单个的变量,其一般形式中"(*指针变量名)"两边的括号不可少。而指针数组类型表示的是多个指针(一组有序指针)在一般形式中"*指针数组名"两边不能有括号。

例如:

```
int (*p)[3];
```

表示一个指向二维数组的指针变量。该二维数组的列数为3或分解为一维数组的长度为3。

```
int *p[3]
```

表示p是一个指针数组,有三个下标变量p[0],p[1],p[2]均为指针变量。

指针数组也常用来表示一组字符串,这时指针数组的每个元素被赋予一个字符串的首地址。指向字符串的指针数组的初始化更为简单。例如在例10.32中即采用指针数组来表示一组字符串。其初始化赋值为:

```
char *name[] = {"Illagal day",
                "Monday",
                "Tuesday",
                "Wednesday",
                "Thursday",
                "Friday",
                "Saturday",
                "Sunday"};
```

完成这个初始化赋值之后,name[0]即指向字符串"Illegal day",name[1]指向"Monday"……。

指针数组也可以用作函数参数。

【例 9-34】指针数组作指针型函数的参数。在本例主函数中，定义了一个指针数组 name，并对 name 作了初始化赋值。其每个元素都指向一个字符串。然后又以 name 作为实参调用指针型函数 day_name，在调用时把数组名 name 赋予形参变量 name，输入的整数 i 作为第二个实参赋予形参 n。在 day_ name 函数中定义了两个指针变量 pp1 和 pp2，pp1 被赋予 name[0]的值(即 * name)，pp2 被赋予 name[n]的值即 * (name+n)。由条件表达式决定返回 pp1 或 pp2 指针给主函数中的指针变量 ps。最后输出 i 和 ps 的值。

```
main(){
  static char *name[] = { "Illegal day",
                          "Monday",
                          "Tuesday",
                          "Wednesday",
                          "Thursday",
                          "Friday",
                          "Saturday",
                          "Sunday"};
   char *ps;
   int i;
   char *day_name(char *name[],int n);
   printf("input Day No:\n");
   scanf("%d",&i);
   if(i<0) exit(1);
   ps = day_name(name,i);
   printf("Day No:%2d-->%s\n",i,ps);
}
char *day_name(char *name[],int n)
{
   char *pp1,*pp2;
   pp1 = *name;
   pp2 = *(name+n);
   return((n<1||n>7)? pp1:pp2);
}
```

【例 9-35】输入 5 个国名并按字母顺序排列后输出。现编程如下：

```
#include"string.h"
main(){
  void sort(char *name[],int n);
  void print(char *name[],int n);
  static char *name[] = { "CHINA","AMERICA","AUSTRALIA", "FRANCE","GERMAN"};
  int n=5;
```

```
    sort(name,n);
    print(name,n);
  }
  void sort(char *name[],int n) {
    char *pt;
    int i,j,k;
    for(i=0;i<n-1;i++){
      k=i;
      for(j=i+1;j<n;j++)
        if(strcmp(name[k],name[j])>0) k=j;
      if(k!=i){
        pt=name[i];
        name[i]=name[k];
        name[k]=pt;
      }
    }
  }
  void print(char *name[],int n){
    int i;
    for (i=0;i<n;i++) printf("%s\n",name[i]);
  }
```

说明：

在以前的例子中采用了普通的排序方法,逐个比较之后交换字符串的位置。交换字符串的物理位置是通过字符串复制函数完成的。反复的交换将使程序执行的速度很慢,同时由于各字符串(国名)的长度不同,又增加了存储管理的负担。用指针数组能很好地解决这些问题。把所有的字符串存放在一个数组中,把这些字符数组的首地址放在一个指针数组中,当需要交换两个字符串时,只须交换指针数组相应两元素的内容(地址)即可,而不必交换字符串本身。

本程序定义了两个函数,一个名为 sort 完成排序,其形参为指针数组 name,即为待排序的各字符串数组的指针。形参 n 为字符串的个数。另一个函数名为 print,用于排序后字符串的输出,其形参与 sort 的形参相同。主函数 main 中,定义了指针数组 name 并作了初始化赋值。然后分别调用 sort 函数和 print 函数完成排序和输出。值得说明的是在 sort 函数中,对两个字符串比较,采用了 strcmp 函数,strcmp 函数允许参与比较的字符串以指针方式出现。name[k]和 name[j]均为指针,因此是合法的。字符串比较后需要交换时,只交换指针数组元素的值,而不交换具体的字符串,这样将大大减少时间的开销,提高了运行效率。

9.7.2　指向指针的指针

如果一个指针变量存放的又是另一个指针变量的地址,则称这个指针变量为指向指针的指针变量。

在前面已经介绍过，通过指针访问变量称为间接访问。由于指针变量直接指向变量，所以称为“单级间址”。而如果通过指向指针的指针变量来访问变量则构成“二级间址”。

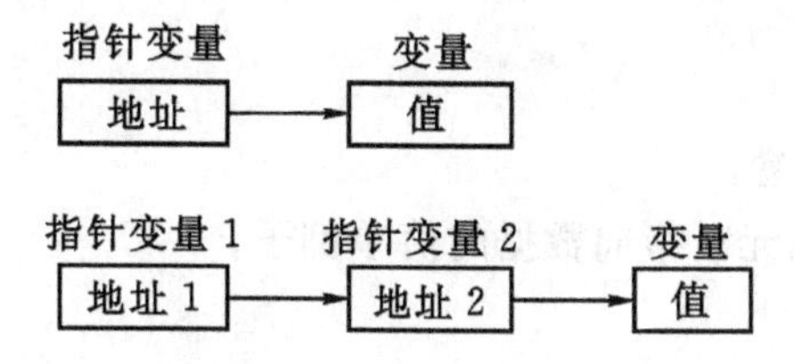

怎样定义一个指向指针型数据的指针变量呢？如下：

char * * p;

p 前面有两个 * 号，相当于 * (* p)。显然 * p 是指针变量的定义形式，如果没有最前面的 *，那就是定义了一个指向字符数据的指针变量。现在它前面又有一个 * 号，表示指针变量 p 是指向一个字符指针型变量的。 * p 就是 p 所指向的另一个指针变量。

从下图可以看到，name 是一个指针数组，它的每一个元素是一个指针型数据，其值为地址。name 是一个数组，它的每一个元素都有相应的地址。数组名 name 代表该指针数组的首地址。name+1 是 mane[i]的地址。name+1 就是指向指针型数据的指针(地址)。还可以设置一个指针变量 p，使它指向指针数组元素。P 就是指向指针型数据的指针变量。

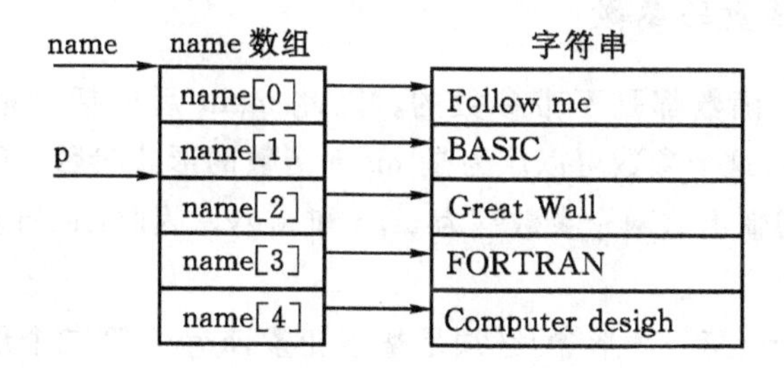

如果有：

```
p=name+2;
printf("%o\n", * p);
printf("%s\n", * p);
```

则，第一个 printf 函数语句输出 name[2]的值(它是一个地址)，第二个 printf 函数语句以字符串形式(%s)输出字符串“Great Wall”。

【例 9-36】 使用指向指针的指针。

```
main()
{ char * name[] = {"Follow me","BASIC","Great Wall","FORTRAN","Computer de-
sighn"};
  char * * p;
  int i;
  for(i = 0;i<5;i + +)
```

```
  {p = name + i;
   printf("%s\n", *p);
  }
}
```

说明：

p是指向指针的指针变量。

【例9-37】一个指针数组的元素指向数据的简单例子。

```
main()
{ static int a[5] = {1,3,5,7,9};
  int *num[5] = {&a[0],&a[1],&a[2],&a[3],&a[4]};
  int **p,i;
  p = num;
  for(i = 0;i<5;i++)
     {printf("%d\t", **p);p++;}
}
```

说明：

指针数组的元素只能存放地址。

9.7.3　main函数的参数

前面介绍的main函数都是不带参数的。因此main后的括号都是空括号。实际上，main函数可以带参数，这个参数可以认为是main函数的形式参数。C语言规定main函数的参数只能有两个，习惯上这两个参数写为argc和argv。因此，main函数的函数头可写为：

main(argc,argv)

C语言还规定argc(第一个形参)必须是整型变量，argv(第二个形参)必须是指向字符串的指针数组。加上形参说明后，main函数的函数头应写为：

main(int argc,char *argv[ ])

由于main函数不能被其它函数调用，因此不可能在程序内部取得实际值。那么，在何处把实参值赋予main函数的形参呢？实际上，main函数的参数值是从操作系统命令行上获得的。当我们要运行一个可执行文件时，在DOS提示符下键入文件名，再输入实际参数即可把这些实参传送到main的形参中去。

DOS提示符下命令行的一般形式为：

C:\>可执行文件名　参数　参数；

但是应该特别注意，main的两个形参和命令行中的参数在位置上不是一一对应的。因为，main的形参只有二个，而命令行中的参数个数原则上未加限制。argc参数表示了命令行中参数的个数(注意：文件名本身也算一个参数)，argc的值是在输入命令行时由系统按实际参数的个数自动赋予的。

例如有命令行为：

C:\>E24　BASIC　foxpro　FORTRAN

由于文件名 E24 本身也算一个参数,所以共有 4 个参数,因此 argc 取得的值为 4。argv 参数是字符串指针数组,其各元素值为命令行中各字符串(参数均按字符串处理)的首地址。指针数组的长度即为参数个数。数组元素初值由系统自动赋予。其表示如图所示:

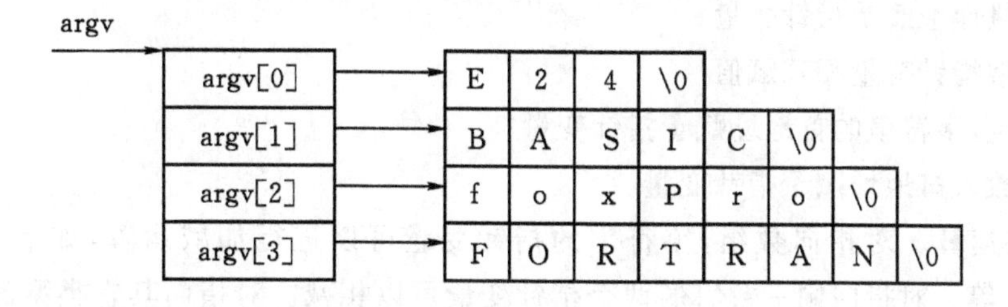

【例 9-38】

```
main(int argc,char *argv){
  while(argc-->1)
    printf("%s\n",*++argv);
}
```

本例是显示命令行中输入的参数。如果上例的可执行文件名为 e24.exe,存放在 A 驱动器的盘内。因此输入的命令行为:

C:\>a:e24 BASIC foxpro FORTRAN

则运行结果为:

```
BASIC
foxpro
FORTRAN
```

该行共有 4 个参数,执行 main 时,argc 的初值即为 4。argv 的 4 个元素分为 4 个字符串的首地址。执行 while 语句,每循环一次 argv 值减 1,当 argv 等于 1 时停止循环,共循环三次,因此共可输出三个参数。在 printf 函数中,由于打印项 *++argv 是先加 1 再打印,故第一次打印的是 argv[1]所指的字符串 BASIC。第二、三次循环分别打印后二个字符串。而参数 e24 是文件名,不必输出。

9.8　本章小结

1. 指针是 C 语言中一个重要的组成部分,使用指针编程有以下优点:

(1)提高程序的编译效率和执行速度。

(2)通过指针可使用主调函数和被调函数之间共享变量或数据结构,便于实现双向数据通信。

(3)可以实现动态的存储分配。

(4)便于表示各种数据结构,编写高质量的程序。

2. 指针的运算

(1)取地址运算符 &：求变量的地址

(2)取内容运算符 *：表示指针所指的变量

(3)赋值运算

· 把变量地址赋予指针变量

· 同类型指针变量相互赋值

· 把数组，字符串的首地址赋予指针变量

· 把函数入口地址赋予指针变量

(4)加减运算。对指向数组，字符串的指针变量可以进行加减运算，如 p＋n，p－n，p＋＋，p－－等。对指向同一数组的两个指针变量可以相减。对指向其它类型的指针变量作加减运算是无意义的。

(5)关系运算。指向同一数组的两个指针变量之间可以进行大于、小于、等于比较运算。指针可与 0 比较，p＝＝0 表示 p 为空指针。

3. 与指针有关的各种说明和意义见下表。

int *p;	p 为指向整型量的指针变量
int *p[n];	p 为指针数组，由 n 个指向整型量的指针元素组成。
int (*p)[n];	p 为指向整型二维数组的指针变量，二维数组的列数为 n
int *p()	p 为返回指针值的函数，该指针指向整型量
int (*p)()	p 为指向函数的指针，该函数返回整型量
int **p	p 为一个指向另一指针的指针变量，该指针指向一个整型量。

4. 有关指针的说明很多是由指针，数组，函数说明组合而成的。

但并不是可以任意组合，例如数组不能由函数组成，即数组元素不能是一个函数；函数也不能返回一个数组或返回另一个函数。例如 int a[5]()；就是错误的。

5. 关于括号。

在解释组合说明符时，标识符右边的方括号和圆括号优先于标识符左边的"*"号，而方括号和圆括号以相同的优先级从左到右结合。但可以用圆括号改变约定的结合顺序。

6. 阅读组合说明符的规则是"从里向外"。

从标识符开始，先看它右边有无方括号或园括号，如有则先作出解释，再看左边有无*号。如果在任何时候遇到了闭括号，则在继续之前必须用相同的规则处理括号内的内容。例如：

```
int * ( * ( * a ) ( )) [10]
↑  ↑   ↑   ↑ ↑   ↑     ↑
7  6   4   2 1   3     5
```

上面给出了由内向外的阅读顺序，下面来解释它：

(1)标识符 a 被说明为；

(2)一个指针变量，它指向；

(3)一个函数，它返回；

(4)一个指针,该指针指向;

(5)一个有10个元素的数组,其类型为;

(6)指针型,它指向;

(7)int型数据。

因此a是一个函数指针变量,该函数返回的一个指针值又指向一个指针数组,该指针数组的元素指向整型量。

第 10 章　结构体、共用体与枚举

前面我我们学习了一些比较简单的数据类型(整型、实型、字符型)的定义和应用,还学习了数组(一维、二维)的定义和使用,这些数据类型的特点是,当声明使用某一特定数据类型时,就限定该类型变量的存储特性和取值范围,对简单的数据类型来说,既可以定义单个的变量,也可以定义数组。数组是一种构造数据类型,但数组的所有元素都必须是相同的数据类型。本章将介绍两种具有不同类型成员的构造数据类型:结构体和共同体。此外,还将介绍枚举和用户自定义类型的概念及应用。

10.1　定义结构的一般形式

在日常生活中,经常会遇到一些需要填写的登记表,如住宿登记表、学生成绩表、通信地址等。在这些表中,填写的数据是无法用同一种数据类型来描述的。如在住宿登记表中,姓名应为字符型;身份证号为整型;性别应为字符型。显然不能用前面学过的任何一种数据类型完全描述。因此 C 语言引入了一种能集中不同数据类型于一体的构造数据类型——"结构(structure)"或叫"结构体",它相当于其它高级语言中的记录。

"结构"是一种构造类型,它是由若干"成员"组成的。每一个成员可以是一个基本数据类型或者又是一个构造类型。结构既是一种"构造"而成的数据类型,那么在说明和使用之前必须先定义它,也就是构造它,如同在说明和调用函数之前要先定义函数一样。

定义一个结构的一般形式为:

```
Struct　结构名
    {类型说明符　成员 1;
    类型说明符　成员 2;
    类型说明符　成员 3;
    ……
    类型说明符　成员 n;};
```

各成员可以是基本类型,也可以是结构类型,即结构体类型定义允许嵌套。例如:

```
struct stu
{
     int num;
     char name[20];
     char sex;
    float score;
};
```

在这个结构定义中,结构名为 stu,该结构由 4 个成员组成。第一个成员为 num,整型变量;第二个成员为 name,字符数组;第三个成员为 sex,字符变量;第四个成员为 score,实型变量。结构定义之后,即可进行变量说明。凡说明为结构 stu 的变量都由上述 4 个成员组成。

再看下面嵌套结构的例子。

```
struct date
{
    int month;
    int day;
    int year;
};
struct ab{
    int num;
    char name[20];
    char sex;
    struct date birthday;
    float score;
}boy1,boy2;
```

首先定义一个结构 date,由 month(月)、day(日)、year(年) 三个成员组成。在定义结构 ab 并说明变量 boy1 和 boy2 时,其中的成员 birthday 被说明为 data 结构类型。成员名可与程序中其它变量同名,互不干扰。

10.2　结构类型变量的定义

结构体类型变量的定义与其它类型的变量定义是一样的,但由于结构体类型需要针对问题事先自行定义,所以结构体类型变量的定义形式就显得很灵活,一般说明结构变量有以下三种方法。

1. 先定义结构体类型,再说明结构体类型变量

如:

```
struct stu
{
    int num;
    char name[20];
    char sex;
    float score;
};
struct stu boy1,boy2;
```

说明了两个变量 boy1 和 boy2 为 stu 结构类型。

2. 在定义结构体类型的同时说明结构变量

如：

```
struct stu
{
    int num;
    char name[20];
    char sex;
    float score;
}boy1,boy2;
```

3. 直接说明结构变量

如：

```
struct
{
    int num;
    char name[20];
    char sex;
    float score;
}boy1,boy2;
```

10.3　结构变量成员的引用方法

在程序中使用结构变量时，往往不把它作为一个整体来使用。在 ANSI C 中除了允许具有相同类型的结构变量相互赋值以外，一般对结构变量的使用，包括赋值、输入、输出、运算等都是通过结构变量的成员来实现的。

表示结构变量成员的一般形式是：

结构变量名.成员名

例如：

boy1.num　　　　即第一个人的学号

boy2.sex　　　　即第二个人的性别

如果成员本身又是一个结构则必须逐级找到最低级的成员才能使用。

例如：

boy1.birthday.month

即第一个人出生的月份成员可以在程序中单独使用，与普通变量完全相同。

10.4　结构变量的初始化

对结构体变量的初始化和其他类型变量一样，可以在定义结构体变量时进行初始化，也可用输入语句或赋值语句来完成。

【例 10-1】 对结构变量初始化。

```
main()
{
    struct stu          /* 定义结构 */
    {
      int num;
      char *name;
      char sex;
      float score;
    }boy2,boy1 = {102,"Zhang ping",'M',78.5};
boy2 = boy1;
printf("Number = %d\nName = %s\n",boy2.num,boy2.name);
printf("Sex = %c\nScore = %f\n",boy2.sex,boy2.score);
}
```

本例中，boy2，boy1 均被定义为外部结构变量，并对 boy1 作了初始化赋值。在 main 函数中，把 boy1 的值整体赋予 boy2，然后用两个 printf 语句输出 boy2 各成员的值。同样 boy2 的值也可以用 scanf 来确定，如 scanf("%c %f",&boy1.sex,&boy1.score);。

10.5　结构数组的定义

数组的元素也可以是结构类型的，因此可以构成结构型数组。结构数组的每一个元素都是具有相同结构类型的下标结构变量。在实际应用中，经常用结构数组来表示具有相同数据结构的一个群体。如一个班的学生档案，一个车间职工的工资表等。

方法和结构变量相似，只需说明它为数组类型即可。

例如：

```
struct stu
{
    int num;
    char *name;
    char sex;
    float score;
}boy[5];
```

定义了一个结构数组 boy，共有 5 个元素，boy[0]～boy[4]。每个数组元素都具有 struct stu 的结构形式。对结构数组可以作初始化赋值。

例如：

```
struct stu
{
```

```
    int num;
    char *name;
    char sex;
    float score;
}boy[5]={
          {101,"Li ping","M",45},
          {102,"Zhang ping","M",62.5},
          {103,"He fang","F",92.5},
          {104,"Cheng ling","F",87},
          {105,"Wang ming","M",58};
         }
```

当对全部元素作初始化赋值时，也可不给出数组长度。

【例 10-2】计算学生的平均成绩和不及格的人数。

```
struct stu
{
    int num;
    char *name;
    char sex;
    float score;
}boy[5]={
      {101,"Li ping",'M',45},
      {102,"Zhang ping",'M',62.5},
      {103,"He fang",'F',92.5},
      {104,"Cheng ling",'F',87},
      {105,"Wang ming",'M',58},
    };
main()
{
    int i,c=0;
    float ave,s=0;
    for(i=0;i<5;i++)
    {
      s+=boy[i].score;
      if(boy[i].score<60) c+=1;
    }
    printf("s=%f\n",s);
    ave=s/5;
    printf("average=%f\ncount=%d\n",ave,c);
}
```

本例程序中定义了一个外部结构数组 boy,共 5 个元素,并作了初始化赋值。在 main 函数中用 for 语句逐个累加各元素的 score 成员值存于 s 之中,如 score 的值小于 60(不及格)即计数器 C 加 1,循环完毕后计算平均成绩,并输出全班总分、平均分和不及格人数。

【例 10－3】 建立同学通讯录。

```
#include"stdio.h"
#define NUM 3
struct mem
{
    char name[20];
    char phone[10];
};
main()
{
    struct mem man[NUM];
    int i;
    for(i=0;i<NUM;i++)
     {
      printf("input name:\n");
      gets(man[i].name);
      printf("input phone:\n");
      gets(man[i].phone);
     }
    printf("name\t\t\tphone\n\n");
    for(i=0;i<NUM;i++)
      printf("%s\t\t\t%s\n",man[i].name,man[i].phone);
}
```

本程序中定义了一个结构 mem,它有两个成员 name 和 phone 用来表示姓名和电话号码。在主函数中定义 man 为具有 mem 类型的结构数组。在 for 语句中,用 gets 函数分别输入各个元素中两个成员的值。然后又在 for 语句中用 printf 语句输出各元素中两个成员值。

10.6　结构指针变量的定义和使用

10.6.1　指向结构变量的指针变量

一个指针变量当用来指向一个结构变量时,称之为结构指针变量。结构指针变量中的值是所指向的结构变量的首地址。通过结构指针即可访问该结构变量,这与数组指针和函数指针的情况是相同的。

结构指针变量说明的一般形式为:

struct 结构名　＊结构指针变量名

例如，在前面的例题中定义了 stu 这个结构，如要说明一个指向 stu 的指针变量 pstu，可写为：

struct stu ＊pstu；

当然也可在定义 stu 结构时同时说明 pstu。与前面讨论的各类指针变量相同，结构指针变量也必须要先赋值后才能使用。

赋值是把结构变量的首地址赋予该指针变量，不能把结构名赋予该指针变量。如果 boy 是被说明为 stu 类型的结构变量，则：

pstu＝&boy

是正确的，而：

pstu＝&stu

是错误的。

结构名和结构变量是两个不同的概念，不能混淆。结构名只能表示一个结构形式，编译系统并不对它分配内存空间。只有当某变量被说明为这种类型的结构时，才对该变量分配存储空间。因此上面 &stu 这种写法是错误的，不可能去取一个结构名的首地址。有了结构指针变量，就能更方便地访问结构变量的各个成员。

其访问的一般形式为：

(＊结构指针变量).成员名

或为：

结构指针变量－＞成员名

例如：

(＊pstu).num

或者：

pstu－＞num

应该注意(＊pstu)两侧的括号不可少，因为成员符“.”的优先级高于“＊”。如去掉括号写作＊pstu.num 则等效于＊(pstu.num)，这样，意义就完全不对了。

下面通过例子来说明结构指针变量的具体说明和使用方法。

【例 10－4】

```
struct stu
{
  int num;
  char *name;
  char sex;
  float score;
  } boy1 = {102,"Zhang ping",'M',78.5}, *pstu;
  main()
  {
    pstu = &boy1;
```

```
    printf("Number = %d\nName = %s\n",boy1.num,boy1.name);
    printf("Sex = %c\nScore = %f\n\n",boy1.sex,boy1.score);
    printf("Number = %d\nName = %s\n",(*pstu).num,(*pstu).name);
    printf("Sex = %c\nScore = %f\n\n",(*pstu).sex,(*pstu).score);
    printf("Number = %d\nName = %s\n",pstu->num,pstu->name);
    printf("Sex = %c\nScore = %f\n\n",pstu->sex,pstu->score);
}
```

本例程序定义了一个结构 stu,定义了 stu 类型结构变量 boy1 并作了初始化赋值,还定义了一个指向 stu 类型结构的指针变量 pstu。在 main 函数中,pstu 被赋予 boy1 的地址,因此 pstu 指向 boy1。然后在 printf 语句内用三种形式输出 boy1 的各个成员值。从运行结果可以看出:

结构变量.成员名

(*结构指针变量).成员名

结构指针变量->成员名

这三种用于表示结构成员的形式是完全等效的。

10.6.2 指向结构数组的指针变量

指针变量可以指向一个结构数组,这时结构指针变量的值是整个结构数组的首地址。结构指针变量也可指向结构数组的一个元素,这时结构指针变量的值是该结构数组元素的首地址。

设 ps 为指向结构数组的指针变量,则 ps 也指向该结构数组的 0 号元素,ps+1 指向 1 号元素,ps+i 则指向 i 号元素。这与普通数组的情况是一致的。

【例 10-5】用指针变量输出结构数组。

```
struct stu
{
    int num;
    char *name;
    char sex;
    float score;
}boy[5] = {
        {101,"Zhou ping",'M',45},
        {102,"Zhang ping",'M',62.5},
        {103,"Liou fang",'F',92.5},
        {104,"Cheng ling",'F',87},
        {105,"Wang ming",'M',58},
        };
main()
{
```

```
  struct stu * ps;
  printf("No\tName\t\t\tSex\tScore\t\n");
  for(ps = boy;ps<boy + 5;ps + + )
  printf(" % d\t % s\t\t % c\t % f\t\n",ps - >num,ps - >name,ps - >sex,ps - >
        score);
}
```

在程序中,定义了 stu 结构类型的外部数组 boy 并作了初始化赋值。在 main 函数内定义 ps 为指向 stu 类型的指针。在循环语句 for 的表达式 1 中,ps 被赋予 boy 的首地址,然后循环 5 次,输出 boy 数组中各成员值。

应该注意,一个结构指针变量虽然可以用来访问结构变量或结构数组元素的成员,但是,不能使它指向一个成员,也就是说不允许取一个成员的地址来赋予它。因此,下面的赋值是错误的。

ps=&boy[1]. sex;

而只能是:

ps=boy;(赋予数组首地址)

或者是:

ps=&boy[0];(赋予 0 号元素首地址)

【例 10 - 6】 分析下列程序的输出结果。

```
struct s1
{
    char * s;
    int i;
    struct s1 * slp;
}
    main()
{
    static struct s1 a[] = {
        {"abcd",1,a + 1},
        {"efgh",2,a + 2},
        {"ijkl",3,a}
    };
    struct s1  * p  =  a;
    int i;
    ptintf(" % s % s % s\n",a[0]. s,p - >s,a[2]. slp - >s);

    for(i  =  0;i<2;i + + )
    {
        printf(" % d\t", - - a[i]. i);
```

```
        printf("%c\n",++a[i].s[3]);
    }
    printf("%s\t",++(p->s));
    printf("%s\t",a[(++p)->i].s);
    printf("%s\n",a[--(p->s1p->i)].s);
}
```

此例的输出结果为：

```
abcd    abcd    abcd
0       e
1       i
bce     efgi    ijkl
```

10.6.3　结构指针变量作函数参数

在 ANSI C 标准中允许用结构变量作函数参数进行整体传送。但是这种传送要将全部成员逐个传送，特别是成员为数组时将会使传送的时间和空间开销很大，严重地降低了程序的效率。因此最好的办法就是使用指针，即用指针变量作函数参数进行传送。这时由实参传向形参的只是地址，从而减少了时间和空间的开销。

【例 10-7】计算一组学生的平均成绩和不及格人数，用结构指针变量作函数参数编程。

```
struct stu
{
    int num;
    char *name;
    char sex;
    float score;}boy[5]={
        {101,"Li ping",'M',45},
        {102,"Zhang ping",'M',62.5},
        {103,"He fang",'F',92.5},
        {104,"Cheng ling",'F',87},
        {105,"Wang ming",'M',58},
    };
main()
{
    struct stu *ps;
    void ave(struct stu *ps);
    ps=boy;
    ave(ps);
}
void ave(struct stu *ps)
```

```
{
    int c = 0,i;
    float ave,s = 0;
    for(i = 0;i<5;i + + ,ps + + )
      {
        s + = ps - >score;
        if(ps - >score<60) c + = 1;
      }
    printf("s = % f\n",s);
    ave = s/5;
    printf("average = % f\ncount = % d\n",ave,c);
}
```

本程序中定义了函数 ave,其形参为结构指针变量 ps。boy 被定义为外部结构数组,因此在整个源程序中有效。在 main 函数中定义说明了结构指针变量 ps,并把 boy 的首地址赋予它,使 ps 指向 boy 数组。然后以 ps 作实参调用函数 ave。在函数 ave 中完成计算平均成绩和统计不及格人数的工作并输出结果。

由于本程序全部采用指针变量作运算和处理,故速度更快,程序效率更高。

10.7　动态存储分配

在数组一章中,曾介绍过数组的长度是预先定义好的,在整个程序中固定不变。C语言中不允许动态数组类型。

例如:

```
int n;
scanf(" % d",&n);
int a[n];
```

用变量表示长度,想对数组的大小作动态说明,这是错误的。但是在实际的编程中,往往会发生这种情况,即所需的内存空间取决于实际输入的数据,而无法预先确定。对于这种问题,用数组的办法很难解决。为了解决上述问题,C语言提供了一些内存管理函数,这些内存管理函数可以按需要动态地分配内存空间,也可把不再使用的空间回收待用,为有效地利用内存资源提供了手段。常用的内存管理函数有以下三个。

1. 分配内存空间函数 malloc

调用形式:

(类型说明符 *)malloc(size)

功能:在内存的动态存储区中分配一块长度为"size"字节的连续区域。函数的返回值为该区域的首地址。

"类型说明符"表示把该区域用于何种数据类型。

(类型说明符 *)表示把返回值强制转换为该类型指针。

“size”是一个无符号数。

例如：

pc=(char *)malloc(100);

表示分配 100 个字节的内存空间，并强制转换为字符数组类型，函数的返回值为指向该字符数组的指针，把该指针赋予指针变量 pc。

2. 分配内存空间函数 calloc

calloc 也用于分配内存空间。

调用形式：

(类型说明符 *)calloc(n,size)

功能：在内存动态存储区中分配 n 块长度为“size”字节的连续区域。函数的返回值为该区域的首地址。

(类型说明符 *)用于强制类型转换。

calloc 函数与 malloc 函数的区别仅在于一次可以分配 n 块区域。

例如：

ps=(struet stu *)calloc(2,sizeof(struct stu));

其中的 sizeof(struct stu)是求 stu 的结构长度。因此该语句的意思是：按 stu 的长度分配 2 块连续区域，强制转换为 stu 类型，并把其首地址赋予指针变量 ps。

3. 释放内存空间函数 free

调用形式：

free(void * ptr);

功能：释放 ptr 所指向的一块内存空间，ptr 是一个任意类型的指针变量，它指向被释放区域的首地址。被释放区应是由 malloc 或 calloc 函数所分配的区域。

【例 10-8】 分配一块区域，输入一个学生数据。

```
main()
{
    struct stu
    {
      int num;
      char *name;
      char sex;
      float score;
    }  *ps;
    ps = (struct stu *)malloc(sizeof(struct stu));
    ps->num = 102;
    ps->name = "Zhang ping";
    ps->sex = 'M';
    ps->score = 62.5;
```

```
    printf("Number = %d\nName = %s\n",ps->num,ps->name);
    printf("Sex = %c\nScore = %f\n",ps->sex,ps->score);
    free(ps);
}
```

本例中,定义了结构 stu,定义了 stu 类型指针变量 ps。然后分配一块 stu 大内存区,并把首地址赋予 ps,使 ps 指向该区域。再以 ps 为指向结构的指针变量对各成员赋值,并用 printf 输出各成员值。最后用 free 函数释放 ps 指向的内存空间。整个程序包含了申请内存空间、使用内存空间、释放内存空间三个步骤,实现存储空间的动态分配。

10.8　链表的概念

可以采用动态分配的办法为一个结构分配内存空间。每一次分配一块空间可用来存放一组的数据,我们可称之为一个结点。有多少组数据就应该申请分配多少块内存空间,也就是说要建立多少个结点。当然用结构数组也可以完成上述工作,但如果预先不能准确把握元素个数,也就无法确定数组大小。而且当元素增加、删除之后也不能把该元素占用的空间从数组中释放出来。

用动态存储的方法可以很好地解决这些问题。有一个元素就分配一个结点,无须预先确定元素的准确个数,某节点被撤消,可删去该结点,并释放该结点占用的存储空间,从而节约了宝贵的内存资源。另一方面,用数组的方法必须占用一块连续的内存区域。而使用动态分配时,每个结点之间可以是不连续的(结点内是连续的),结点之间的联系可以用指针实现。即在结点结构中定义一个成员项用来存放下一结点的首地址,这个用于存放地址的成员,常把它称为指针域。

可在第一个结点的指针域内存入第二个结点的首地址,在第二个结点的指针域内又存放第三个结点的首地址,如此串连下去直到最后一个结点。最后一个结点因无后续结点连接,其指针域可赋为 0。这样一种连接方式,在数据结构中称为"链表"。链表中的每一个结点都是同一种结构类型。

例如,一个存放学生学号和成绩的结点应为以下结构:

```
struct stu
{ int num;
  int score;
  struct stu *next;
}
```

前两个成员项组成数据域,后一个成员项 next 构成指针域,它是一个指向 stu 类型结构的指针变量。

链表的基本操作对链表的主要操作有以下几种:

(1)建立链表;

(2)结构的查找与输出;

(3)插入一个结点;

(4)删除一个结点；

下面通过例题来说明这些操作。

【例 10－9】建立一个三个结点的链表，存放学生数据。为简单起见，我们假定学生数据结构中只有学号和年龄两项。可编写一个建立链表的函数 creat。程序如下：

```
#define NULL 0
#define TYPE struct stu
#define LEN sizeof (struct stu)
struct stu
    {
      int num;
      int age;
      struct stu *next;
    };
TYPE *creat(int n)
{
    struct stu *head, *pf, *pb;
    int i;
    for(i=0;i<n;i++)
    {
      pb=(TYPE*) malloc(LEN);
      printf("input Number and  Age\n");
      scanf("%d%d",&pb->num,&pb->age);
      if(i==0)
      pf=head=pb;
      else pf->next=pb;
      pb->next=NULL;
      pf=pb;
    }
    return(head);
}
```

在函数外首先用宏定义对三个符号常量作了定义。这里用 TYPE 表示 struct stu，用 LEN 表示 sizeof(struct stu)主要的目的是为了在以下程序内减少书写并使阅读更加方便。结构 stu 定义为外部类型，程序中的各个函数均可使用该定义。

creat 函数用于建立一个有 n 个结点的链表，它是一个指针函数，它返回的指针指向 stu 结构。在 creat 函数内定义了三个 stu 结构的指针变量。head 为头指针，pf 为指向两相邻结点的前一结点的指针变量。pb 为后一结点的指针变量。

10.9　枚举类型

在实际问题中，有些变量的取值被限定在一个有限的范围内。例如，一个星期内只有七天，一年只有十二个月，一个班每周有六门课程等等。如果把这些量说明为整型，字符型或其它类型显然是不妥当的。为此，C语言提供了一种称为"枚举"的类型。在"枚举"类型的定义中列举出所有可能的取值，被说明为该"枚举"类型的变量取值不能超过定义的范围。应该说明的是，枚举类型是一种基本数据类型，而不是一种构造类型，因为它不能再分解为任何基本类型。

10.9.1　枚举类型的定义和枚举变量的说明

1. 枚举的定义

枚举类型定义的一般形式为：

enum 枚举名{枚举值表}；

在枚举值表中应罗列出所有可用值。这些值也称为枚举元素。

2. 枚举变量的说明

如同结构和联合一样，枚举变量也可用不同的方式说明，即先定义后说明，同时定义说明或直接说明。

设有变量a,b,c被说明为上述的weekday，可采用下述任一种方式：

```
enum weekday{ sun,mou,tue,wed,thu,fri,sat };
enum weekday a,b,c;
```

或者为：

```
enum weekday{ sun,mou,tue,wed,thu,fri,sat }a,b,c;
```

或者为：

```
enum { sun,mou,tue,wed,thu,fri,sat }a,b,c;
```

10.9.2　枚举类型变量的赋值和使用

枚举类型在使用中有以下规定：

(1)枚举值是常量，不是变量。不能在程序中用赋值语句再对它赋值。

例如对枚举weekday的元素再作以下赋值：

```
sun=5;
mon=2;
sun=mon;
```

都是错误的。

(2)枚举元素本身由系统定义了一个表示序号的数值，从0开始顺序定义为0,1,2…。如在weekday中，sun值为0,mon值为1,…,sat值为6。

【例 10－10】

```
main(){
    enum weekday
    { sun,mon,tue,wed,thu,fri,sat } a,b,c;
    a = sun;
    b = mon;
    c = tue;
    printf("%d, %d, %d",a,b,c);
}
```

说明：

只能把枚举值赋予枚举变量，不能把元素的数值直接赋予枚举变量。如：

```
    a=sum;
    b=mon;
```

是正确的。而：

```
    a=0;
    b=1;
```

是错误的。如一定要把数值赋予枚举变量，则必须用强制类型转换。

如：

```
    a=(enum weekday)2;
```

其意义是将顺序号为 2 的枚举元素赋予枚举变量 a，相当于：

```
    a=tue;
```

还应该说明的是枚举元素不是字符常量也不是字符串常量，使用时不要加单、双引号。

【例 10－11】

```
main(){
    enum body
    { a,b,c,d } month[31],j;
    int i;
    j = a;
    for(i = 1;i<= 30;i++){
    month[i] = j;
    j++;
    if (j>d) j = a;
}
for(i = 1;i<= 30;i++){
  switch(month[i])
  {
    case a:printf(" %2d  %c\t",i,'a'); break;
    case b:printf(" %2d  %c\t",i,'b'); break;
```

```
        case c:printf(" %2d  %c\t",i,'c'); break;
        case d:printf(" %2d  %c\t",i,'d'); break;
        default:break;
      }
    }
  printf("\n");
}
```

10.10　类型定义符 typedef

C语言不仅提供了丰富的数据类型，而且还允许由用户自己定义类型说明符，也就是说允许由用户为数据类型取“别名”。类型定义符 typedef 即可用来完成此功能。例如，有整型量 a,b,其说明如下：

int a,b;

其中 int 是整型变量的类型说明符。int 的完整写法为 integer,为了增加程序的可读性，可把整型说明符用 typedef 定义为：

typedef int INTEGER

这以后就可用 INTEGER 来代替 int 作整型变量的类型说明了。

例如：

INTEGER a,b;

它等效于：

int a,b;

用 typedef 定义数组、指针、结构等类型将带来很大的方便，不仅使程序书写简单而且使意义更为明确，因而增强了可读性。

例如：

typedef char NAME[20];

表示 NAME 是字符数组类型，数组长度为 20。然后可用 NAME 说明变量，如：

NAME a1,a2,s1,s2;

完全等效于：

char a1[20],a2[20],s1[20],s2[20]

又如：

```
typedef struct stu
{ char name[20];
  int age;
  char sex;
      } STU;
```

定义 STU 表示 stu 的结构类型，然后可用 STU 来说明结构变量：

STU body1,body2;

typedef 定义的一般形式为：

typedef 原类型名　新类型名

其中原类型名中含有定义部分，新类型名一般用大写表示，以便于区别。

有时也可用宏定义来代替 typedef 的功能，但是宏定义是由预处理完成的，而 typedef 则是在编译时完成的，后者更为灵活方便。

10.11　本章小结

1. 结构和联合是两种构造类型数据，是用户定义新数据类型的重要手段。结构和联合有很多的相似之处，它们都由成员组成。成员可以具有不同的数据类型。成员的表示方法相同。都可用三种方式作变量说明。

2. 在结构中，各成员都占有自己的内存空间，它们是同时存在的。一个结构变量的总长度等于所有成员长度之和。在联合中，所有成员不能同时占用它的内存空间，它们不能同时存在。联合变量的长度等于最长的成员的长度。

3. “.”是成员运算符，可用它表示成员项，成员还可用“－＞”运算符来表示。

4. 结构变量可以作为函数参数，函数也可返回指向结构的指针变量。而联合变量不能作为函数参数，函数也不能返回指向联合的指针变量。但可以使用指向联合变量的指针，也可使用联合数组。

5. 结构定义允许嵌套，结构中也可用联合作为成员，形成结构和联合的嵌套。

6. 链表是一种重要的数据结构，它便于实现动态的存储分配。本章介绍的是单向链表，还可组成双向链表、循环链表等。

第 11 章　位运算

前面介绍的各种运算都是以字节作为最基本位进行的，但在很多系统程序中常要求在位(bit)一级进行运算或处理。C 语言提供了位运算的功能，能够对底层硬件、外围设备进行检测和控制，使得 C 语言也能像汇编语言一样用来编写系统程序。

11.1　位运算概述

所谓位运算，是指对一个数据的某些二进制位进行的运算。每个二进制位只能存放 1 位二进制数“1”或者“0”。通常把组成一个数据的最右边的二进制位称作第 0 位，从右向左依次称为第 1 位，第 2 位，……，最左边一位称作最高位。

11.2　位运算符

C 语言提供了六种位运算符。

& 按位与

| 按位或

^ 按位异或

～ 取反

<< 左移

>> 右移

1. 按位与运算

按位与运算符“&”是双目运算符。其功能是参与运算的两数各对应的二进位相与。只有对应的两个二进位均为 1 时，结果位才为 1 ，否则为 0。参与运算的数以补码方式出现。

例如：9&5 可写算式如下：

00001001 (9 的二进制补码)&00000101 (5 的二进制补码)　00000001 (1 的二进制补码)可见 9&5＝1。

按位与运算通常用来对某些位清 0 或保留某些位。例如把 a 的高八位清 0 ，保留低八位，可作 a&255 运算 (255 的二进制数为 0000000011111111)。

```
main(){
int a = 9,b = 5,c;
c = a&b;
printf("a = %d\nb = %d\nc = %d\n",a,b,c);
}
```

2. 按位或运算

按位或运算符“|”是双目运算符。其功能是参与运算的两数各对应的二进位相或。只要对应的两个二进位有一个为 1 时，结果位就为 1。参与运算的两个数均以补码出现。

例如：9|5 可写算式如下：

```
00001001|00000101
00001101 (十进制为 13)可见 9|5 = 13
main(){
int a = 9,b = 5,c;
c = a|b;
printf("a = %d\nb = %d\nc = %d\n",a,b,c);
}
```

3. 按位异或运算

按位异或运算符“^”是双目运算符。其功能是参与运算的两数各对应的二进位相异或，当两对应的二进位相异时，结果为 1。

参与运算数仍以补码出现。

例如：9^5 可写成算式如下：

```
00001001^00000101 00001100 (十进制为 12)
main(){
int a = 9;
a = a^15;
printf("a = %d\n",a);
}
```

4. 求反运算

求反运算符“～”为单目运算符，具有右结合性。其功能是对参与运算的数的各二进位按位求反。

例如：～9 的运算为：

～(0000000000001001)结果为：1111111111110110

5. 左移运算

左移运算符“＜＜”是双目运算符。其功能把“＜＜ ”左边的运算数的各二进位全部左移若干位，由“＜＜”右边的数指定移动的位数，高位丢弃，低位补 0。

例如：a＜＜4 指把 a 的各二进位向左移动 4 位。如 a＝00000011(十进制 3)，左移 4 位后为 00110000(十进制 48)。

6. 右移运算

右移运算符“＞＞”是双目运算符。其功能是把“＞＞ ”左边的运算数的各二进位全部右移若干位，“＞＞”右边的数指定移动的位数。

例如：设 a＝15，a＞＞2　表示把 000001111 右移为 00000011(十进制 3)。

应该说明，对于有符号数，在右移时，符号位将随同移动。当为正数时，最高位补 0，而为负数时，符号位为1，最高位是补0或是补1取决于编译系统的规定。Turbo C和很多系统规定为补1。

```
main(){
unsigned a,b;
printf("input a number: ");
scanf("%d",&a);
b=a>>5;
b=b&15;
printf("a=%d\tb=%d\n",a,b);
}
```

请再看一例！

```
main(){
char a='a',b='b';
int p,c,d;
p=a;
p=(p<<8)|b;
d=p&0xff;
c=(p&0xff00)>>8;
printf("a=%d\nb=%d\nc=%d\nd=%d\n",a,b,c,d);
}
```

11.3 位　域

有些信息在存储时，并不需要占用一个完整的字节，而只需占几个或一个二进制位。例如在存放一个开关量时，只有0和1两种状态，用一位二进位即可。为了节省存储空间，并使处理简便，C语言又提供了一种数据结构，称为"位域"或"位段"。所谓"位域"是把一个字节中的二进位划分为几个不同的区域，并说明每个区域的位数。每个域有一个域名，允许在程序中按域名进行操作。这样就可以把几个不同的对象用一个字节的二进制位域来表示。

1. 位域的定义和位域变量的说明

位域定义与结构定义相仿，其形式为：

```
struct 位域结构名
{ 位域列表 };
```

其中位域列表的形式为：类型说明符 位域名:位域长度

例如：

```
struct bs
{
int a:8;
int b:2;
```

```
int c:6;
};
```

位域变量的说明与结构变量说明的方式相同。可采用先定义后说明、同时定义说明或者直接说明这三种方式。例如：

```
struct bs
{
int a:8;
int b:2;
int c:6;
}data;
```

说明 data 为 bs 变量，共占两个字节。其中位域 a 占 8 位，位域 b 占 2 位，位域 c 占 6 位。对于位域的定义尚有以下几点说明：

(1)一个位域必须存储在同一个字节中，不能跨两个字节。如一个字节所剩空间不够存放另一位域时，应从下一单元起存放该位域。也可以有意使某位域从下一单元开始。例如：

```
struct bs
{
unsigned a:4
unsigned :0 /*空域*/
unsigned b:4 /*从下一单元开始存放*/
unsigned c:4
}
```

在这个位域定义中，a 占第一字节的 4 位，后 4 位填 0 表示不使用，b 从第二字节开始，占用 4 位，c 占用 4 位。

(2)由于位域不允许跨两个字节，因此位域的长度不能大于一个字节的长度，也就是说不能超过 8 位二进位。

(3)位域可以无位域名，这时它只用来作填充或调整位置。无名的位域是不能使用的。例如：

```
struct k
{
int a:1
int :2 /*该 2 位不能使用*/
int b:3
int c:2
};
```

从以上分析可以看出，位域在本质上就是一种结构类型，不过其成员是按二进位分配的。

2. 位域的使用

位域的使用和结构成员的使用相同，其一般形式为：位域变量名·位域名位域允许用各种格式输出。

```
main(){
struct bs
{
unsigned a:1;
unsigned b:3;
unsigned c:4;
} bit, * pbit;
bit.a = 1;
bit.b = 7;
bit.c = 15;
printf("%d, %d, %d\n",bit.a,bit.b,bit.c);
pbit = &bit;
pbit->a = 0;
pbit->b& = 3;
pbit->c| = 1;
printf("%d, %d, %d\n",pbit->a,pbit->b,pbit->c);
}
```

上例程序中定义了位域结构 bs,三个位域为 a,b,c。说明了 bs 类型的变量 bit 和指向 bs 类型的指针变量 pbit。这表示位域也是可以使用指针的。程序的 9、10、11 三行分别给三个位域赋值(应注意赋值不能超过该位域的允许范围)。程序第 12 行以整型量格式输出三个域的内容。第 13 行把位域变量 bit 的地址送给指针变量 pbit。第 14 行用指针方式给位域 a 重新赋值,赋为 0。第 15 行使用了复合的位运算符"&=",该行相当于:pbit->b=pbit->b&3 位域 b 中原有值为 7,与 3 作按位与运算的结果为 3(111&011=011,十进制值为 3)。同样,程序第 16 行中使用了复合位运算"|=",相当于:pbit->c=pbit->c|1 其结果为 15。程序第 17 行用指针方式输出了这三个域的值。

11.4 本章小结

1. 位运算是 C 语言的一种特殊运算功能,它是以二进制位为单位进行运算的。位运算符只有逻辑运算和移位运算两类。位运算符可以与赋值符一起组成复合赋值符。如 &=,|=,^=,>>=,<<=等。

2. 利用位运算可以完成汇编语言的某些功能,如置位、位清零、移位等。还可进行数据的压缩存储和并行运算。

3. 位域在本质上也是结构类型,不过它的成员按二进制位分配内存。其定义、说明及使用的方式都与结构相同。

4. 位域提供了一种手段,使得可在高级语言中实现数据的压缩,节省了存储空间,同时也提高了程序的效率。

第 12 章　文　件

在前面的程序设计中，我们介绍了输入和输出，即从标准输入设备———键盘输入，由标准输出设备———显示器或打印机输出。不仅如此，我们也常常把磁盘作为信息载体，用于保存中间结果或最终数据。在使用一些字处理工具时，会利用打开一个文件来将磁盘信息输入到内存，通过关闭一个文件来实现将内存数据输出到磁盘。这时的输入和输出是针对文件系统的，因此文件系统也是输入和输出的对象，谈到输入和输出，自然也就离不开文件系统。

12.1　C 文件概述

所谓“文件”是指一组相关数据的有序集合。这个数据集有一个名称，叫做文件名。实际上在前面的各章中我们已经多次使用了文件，例如源程序文件、目标文件、可执行文件、库文件（头文件）等。文件通常是驻留在外部介质（如磁盘等）上的，在使用时才调入内存中来。从不同的角度可对文件作不同的分类。从用户的角度看，文件可分为普通文件和设备文件两种。

普通文件是指驻留在磁盘或其它外部介质上的一个有序数据集，可以是源文件、目标文件、可执行程序；也可以是一组待输入处理的原始数据，或者是一组输出的结果。对于源文件、目标文件、可执行程序可以称作程序文件，对输入输出数据可称作数据文件。

设备文件是指与主机相联的各种外部设备，如显示器、打印机、键盘等。在操作系统中，把外部设备也看作是一个文件来进行管理，把它们的输入、输出等同于对磁盘文件的读和写。通常把显示器定义为标准输出文件，一般情况下在屏幕上显示有关信息就是向标准输出文件输出。如前面经常使用的 printf，putchar 函数就是这类输出。键盘通常被指定标准的输入文件，从键盘上输入就意味着从标准输入文件上输入数据。scanf，getchar 函数就属于这类输入。

从文件编码的方式来看，文件可分为 ASCII 码文件和二进制码文件两种。

ASCII 文件也称为文本文件，这种文件在磁盘中存放时每个字符对应一个字节，用于存放对应的 ASCII 码。例如，数 5678 的存储形式为：

ASC 码：	00 110101	0011 0110	0011 0111	0011 1000
	↓	↓	↓	↓
十进制码：	5	6	7	8

共占用 4 个字节。ASCII 码文件可在屏幕上按字符显示，例如源程序文件就是 ASCII 文件，用 DOS 命令 TYPE 可显示文件的内容。由于是按字符显示，因此能读懂文件内容。

二进制文件是按二进制的编码方式来存放文件的。例如，数 5678 的存储形式为：00010110 00101110 只占二个字节。二进制文件虽然也可在屏幕上显示，但其内容无法读懂。C系统在处理这些文件时，并不区分类型，都看成是字符流，按字节进行处理。输入输出字符流的开始和结束只由程序控制而不受物理符号(如回车符)的控制。因此也把这种文件称作"流式文件"。

12.2　文件指针

在C语言中用一个指针变量指向一个文件，这个指针称为文件指针。通过文件指针就可对它所指的文件进行各种操作。定义说明文件指针的一般形式为：

FILE * 指针变量标识符；

其中FILE应为大写，它实际上是由系统定义的一个结构，该结构中含有文件名、文件状态和文件当前位置等信息。在编写源程序时不必关心FILE结构的细节。

我们在操作文件时，通常都关心文件的属性，比如文件的名字、文件的性质、文件的当前状态等等。ANSI C为每个被使用的文件在内存开辟一块用于存放上述信息的内存区域，用一个结构体类型的变量存放。该变量的结构体类型由系统命名为FILE，在头文件stdio.h中定义如下：

```
Typedef struct
{short level;                  /*缓冲区的程度*/
Unsigned flags;                /*文件状态标志*/
Char fd;                       /*文件描述符*/
Unsigned char hold;            /*如无缓冲区不读取字符*/
Short bsize;                   /*缓冲区大小*/
Unsigned char *buffer;         /*数据传输缓冲区*/
Unsigned char *curp;           /*当前激活指针*/
Unsigned istemp;               /*临时文件指示器*/
Short token;                   /*合法性校合*/
}FILE;
```

例如：FILE *fp；

表示fp是指向FILE结构的指针变量，通过fp即可找存放某个文件信息的结构变量，然后按结构变量提供的信息找到该文件，实施对文件的操作。换句话说，一个文件有一个文件变量指针，则对文件的访问就转化为针对文件指针变量的操作。

12.3　文件的打开与关闭

文件在进行读写操作之前要先打开，使用完毕要关闭。所谓打开文件，实际上是建立文件的各种有关信息，并使文件指针指向该文件，以便进行其它操作。关闭文件则断开指针与文件之间的联系，也就禁止再对该文件进行操作。

在C语言中，文件操作都是由库函数来完成的。在本章内将介绍主要的文件操作函数。

12.3.1 文件打开函数 fopen

fopen 函数用来打开一个文件，其调用的一般形式为：

FILE * 文件指针名；

文件指针名＝fopen(文件名，文件使用方式)

其中，“文件指针名”必须是被说明为 FILE 类型的指针变量，“文件名”是被打开文件的文件名。“使用文件方式”是指文件的类型和操作要求。“文件名”是字符串常量或字符串数组。例如：

```
FILE * fp;
fp = ("file a","r");
```

其意义是在当前目录下打开文件 file a，只允许进行“读”操作，并使 fp 指向该文件。

又如：

```
FILE * fphzk
fphzk = ("c:\\hzk16′,"rb")
```

其意义是打开 C 驱动器磁盘的根目录下的文件 hzk16，这是一个二进制文件，只允许按二进制方式进行读操作。两个反斜线“\\”中的第一个表示转义字符，第二个表示根目录。使用文件的方式共有 12 种，下面给出了它们的符号和意义。

文件使用方式	意义
“rt”	只读打开一个文本文件，只允许读数据
“wt”	只写打开或建立一个文本文件，只允许写数据
“at”	追加打开一个文本文件，并在文件末尾写数据
“rb”	只读打开一个二进制文件，只允许读数据
“wb”	只写打开或建立一个二进制文件，只允许写数据
“ab”	追加打开一个二进制文件，并在文件末尾写数据
“rt +”	读写打开一个文本文件，允许读和写
“wt +”	读写打开或建立一个文本文件，允许读写
“at +”	读写打开一个文本文件，允许读，或在文件末追加数据
“rb +”	读写打开一个二进制文件，允许读和写
“wb +”	读写打开或建立一个二进制文件，允许读和写
“ab +”	读写打开一个二进制文件，允许读，或在文件末追加数据

对于文件使用方式有以下几点说明：

(1)文件使用方式由 r，w，a，t，b，＋六个字符拼成，各字符的含义是：

r(read)：读

w(write)：写

a(append)：追加

t(text)：文本文件，可省略不写

b(banary)：二进制文件

＋：读和写

(2)凡用“r”打开一个文件时，该文件必须已经存在，且只能从该文件读出。

(3)用“w”打开的文件只能向该文件写入。若打开的文件不存在，则以指定的文件名建立该文件，若打开的文件已经存在，则将该文件删去，重建一个新文件。

(4)若要向一个已存在的文件追加新的信息，只能用“a ”方式打开文件。但此时该文件必须是存在的，否则将会出错。

(5)在打开一个文件时，如果出错，fopen将返回一个空指针值NULL。在程序中可以用这一信息来判别是否完成打开文件的工作，并作相应的处理。因此常用以下程序段打开文件：

```
if((fp = fopen("c:\\hzk16","rb") == NULL)
{
printf("\nerror on open c:\\hzk16 file!");
getch();
exit(1);
}
```

这段程序的意义是，如果返回的指针为空，表示不能打开C盘根目录下的hzk16文件，则给出提示信息“error on open c:\ hzk16file!”；下一行getch()的功能是从键盘输入一个字符，但不在屏幕上显示。在这里，该行的作用是等待，只有当用户从键盘敲任一键时，程序才继续执行，因此用户可利用这个等待时间阅读出错提示。敲键后执行exit(1)退出程序。

(6)把一个文本文件读入内存时，要将ASCII码转换成二进制码，而把文件以文本方式写入磁盘时，也要把二进制码转换成ASCII码，因此文本文件的读写要花费较多的转换时间。对二进制文件的读写不存在这种转换。

(7)标准输入文件(键盘)、标准输出文件(显示器)、标准出错输出(出错信息)是由系统打开的，可直接使用。

12.3.2 文件关闭函数flcose

文件一旦使用完毕，应用关闭文件函数把文件关闭，以避免文件的数据丢失等错误。

fclose函数调用的一般形式是：

fclose(文件指针)；

例如：fclose(fp)；正常完成关闭文件操作时，fclose函数返回值为0。如返回非零值则表示有错误发生。文件的读写对文件的读和写是最常用的文件操作。

在C语言中提供了多种文件读写的函数：

- 字符读写函数：fgetc和fputc
- 字符串读写函数：fgets和fputs
- 数据块读写函数：freed和fwrite
- 格式化读写函数：fscanf和fprinf

12.4 文件的读写

字符读写函数是以字符(字节)为单位的读写函数。每次可从文件读出或向文件写入一个字符。

12.4.1　读字符函数 fgetc 与 fputc

1. 读写字符函数 fgetc

fgetc 函数的功能是从指定的文件中读一个字符，函数调用的形式为：

字符变量＝fgetc(文件指针)；

例如：ch＝fgetc(fp)；其意义是从打开的文件 fp 中读取一个字符并送入 ch 中。

对于 fgetc 函数的使用有以下几点说明：

(1)在 fgetc 函数调用中，读取的文件必须是以读或读写方式打开的。

(2)读取字符的结果也可以不向字符变量赋值，例如：fgetc(fp)；但是读出的字符不能保存。

(3)在文件内部有一个位置指针，用来指向文件的当前读写字节。在文件打开时，该指针总是指向文件的第一个字节。使用 fgetc 函数后，该位置指针将向后移动一个字节。因此可连续多次使用 fgetc 函数，读取多个字符。应注意文件指针和文件内部的位置指针不是一回事。文件指针是指向整个文件的，须在程序中定义说明，只要不重新赋值，文件指针的值是不变的。文件内部的位置指针用以指示文件内部的当前读写位置，每读写一次，该指针均向后移动，它不需在程序中定义说明，而是由系统自动设置的。

【例 12-1】 读入文件 e10-1.c，在屏幕上输出。

```
#include<stdio.h>
main()
{
FILE *fp;
char ch;
if((fp = fopen("e10_1.c","rt")) == NULL)
{
printf("Cannot open file strike any key exit!");
getch();
exit(1);
}
ch = fgetc(fp);
while (ch! = EOF)
{
putchar(ch);
ch = fgetc(fp);
}
fclose(fp);
}
```

本例程序的功能是从文件中逐个读取字符，在屏幕上显示。程序定义了文件指针 fp，以读文本文件方式打开文件“e10_1.c”,并使fp指向该文件。如打开文件出错,给出提示并退出程序。程序第12行先读出一个字符,然后进入循环,只要读出的字符不是文件结束标志(每个文件末有一结束标志EOF)就把该字符显示在屏幕上,再读入下一字符。每读一次,文件内部的位置指针向后移动一个字符,文件结束时,该指针指向EOF。执行本程序将显示整个文件。

2. 写字符函数 fputc

fputc函数的功能是把一个字符写入指定的文件中,函数调用的形式为:fputc(字符量,文件指针);其中,待写入的字符量可以是字符常量或变量,例如:fputc('a',fp);其意义是把字符a写入fp所指向的文件中。

对于fputc函数的使用也要说明几点:

(1)被写入的文件可以用写、读写追加方式打开,用写或读写方式打开一个已存在的文件时将清除原有的文件内容,写入字符从文件首开始。如需保留原有文件内容,希望写入的字符以文件末开始存放,必须以追加方式打开文件。被写入的文件若不存在,则创建该文件。

(2)每写入一个字符,文件内部位置指针向后移动一个字节。

(3)fputc函数有一个返回值,如写入成功则返回写入的字符,否则返回一个EOF。可用此来判断写入是否成功。

【例12-2】从键盘输入一行字符,写入一个文件,再把该文件内容读出显示在屏幕上。

```
#include<stdio.h>
main()
{
FILE *fp;
char ch;
if((fp=fopen("string","wt+"))==NULL)
{
printf("Cannot open file strike any key exit!");
getch();
exit(1);
}
printf("input a string:\n");
ch=getchar();
while (ch!='\n')
{
fputc(ch,fp);
ch=getchar();
}
rewind(fp);
ch=fgetc(fp);
```

```
while(ch! = EOF)
{
putchar(ch);
ch = fgetc(fp);
}
printf("\n");
fclose(fp);
}
```

程序中第6行以读写文本文件方式打开文件 string。程序第13行从键盘读入一个字符后进入循环，当读入字符不为回车符时，则把该字符写入文件之中，然后继续从键盘读入下一字符。每输入一个字符，文件内部位置指针向后移动一个字节。写入完毕，该指针已指向文件末。如要把文件从头读出，须把指针移向文件头，程序第19行 rewind 函数用于把 fp 所指文件的内部位置指针移到文件头。第20至25行用于读出文件中的一行内容。

【例12-3】把命令行参数中的前一个文件名标识的文件，复制到后一个文件名标识的文件中，如命令行中只有一个文件名则把该文件写到标准输出文件(显示器)中。

```
#include<stdio.h>
main(int argc,char *argv[])
{
FILE *fp1, *fp2;
char ch;
if(argc == 1)
{
printf("have not enter file name strike any key exit");
getch();
exit(0);
}
if((fp1 = fopen(argv[1],"rt")) == NULL)
{
printf("Cannot open %s\n",argv[1]);
getch();
exit(1);
}
if(argc == 2) fp2 = stdout;
else if((fp2 = fopen(argv[2],"wt +")) == NULL)
{
printf("Cannot open %s\n",argv[1]);
getch();
exit(1);
```

```
}
while((ch = fgetc(fp1)) ! = EOF)
fputc(ch,fp2);
fclose(fp1);
fclose(fp2);
}
```

本程序为带参数的 main 函数。程序中定义了两个文件指针 fp1 和 fp2,分别指向命令行参数中给出的文件。如命令行参数中没有给出文件名,则给出提示信息。程序第 18 行表示如果只给出一个文件名,则使 fp2 指向标准输出文件(即显示器)。程序第 25 行至 28 行用循环语句逐个读出文件 1 中的字符再送到文件 2 中。再次运行时,给出了一个文件名(由例 10.2 所建立的文件),故输出给标准输出文件 stdout,即在显示器上显示文件内容。第三次运行,给出了二个文件名,因此把 string 中的内容读出,写入到 OK 之中。可用 DOS 命令 type 显示 OK 的内容。

12.4.2 字符串读写函数 fgets 和 fputs

1. 读字符串函数 fgets

函数的功能是从指定的文件中读一个字符串到字符数组中,函数调用的形式为:

fgets(字符数组名,n,文件指针);

其中的 n 是一个正整数。表示从文件中读出的字符串不超过 n－1 个字符。在读入的最后一个字符后加上串结束标志'\0'。例如:fgets(str,n,fp);的意义是从 fp 所指的文件中读出 n－1 个字符送入字符数组 str 中。

【例 12 - 4】从 e10_1.c 文件中读入一个含 10 个字符的字符串。

```
#include<stdio.h>
main()
{
FILE *fp;
char str[11];
if((fp = fopen("e10_1.c","rt")) == NULL)
{
printf("Cannot open file strike any key exit!");
getch();
exit(1);
}
fgets(str,11,fp);
printf("%s",str);
fclose(fp);
}
```

本例定义了一个字符数组 str 共 11 个字节,在以读文本文件方式打开文件 e101.c 后,从中读出10个字符送入str数组，在数组最后一个单元内将加上'\0'，然后在屏幕上显示输出str数组。输出的10个字符正是例12-4程序的前10个字符。

对fgets函数有两点说明：一是在读出n－1个字符之前，如遇到了换行符或EOF，则读出结束；二是fgets函数也有返回值，其返回值是字符数组的首地址。

2. 写字符串函数 fputs

fputs函数的功能是向指定的文件写入一个字符串，其调用形式为：fputs(字符串，文件指针）其中字符串可以是字符串常量，也可以是字符数组名，或指针变量，例如：

fputs("abcd",fp)；

其意义是把字符串"abcd"写入fp所指的文件之中。

【例12-5】在例12-2中建立的文件string中追加一个字符串。

```
#include<stdio.h>
main()
{
FILE *fp;
char ch,st[20];
if((fp=fopen("string","at+"))==NULL)
{
printf("Cannot open file strike any key exit!");
getch();
exit(1);
}
printf("input a string:\n");
scanf("%s",st);
fputs(st,fp);
rewind(fp);
ch=fgetc(fp);
while(ch!=EOF)
{
putchar(ch);
ch=fgetc(fp);
}
printf("\n");
fclose(fp);
}
```

本例要求在string文件末加写字符串，因此，在程序第6行以追加读写文本文件的方式打开文件string 。然后输入字符串，并用fputs函数把该串写入文件string。在程序15行用rewind函数把文件内部位置指针移到文件首，再进入循环逐个显示当前文件中的全部内容。

12.4.3　数据块读写函数 fread 和 fwrite

C 语言还提供了用于整块数据的读写函数。可用来读写一组数据，如一个数组元素，一个结构变量的值等。读数据块函数调用的一般形式为：

fread(buffer,size,count,fp)；

写数据块函数调用的一般形式为：

fwrite(buffer,size,count,fp)；

其中 buffer 是一个指针，在 fread 函数中，它表示存放输入数据的首地址。在 fwrite 函数中，它表示存放输出数据的首地址。size 表示数据块的字节数。count 表示要读写的数据块块数。fp 表示文件指针。

例如：fread(fa,4,5,fp)；其意义是从 fp 所指的文件中，每次读 4 个字节（一个实数）送入实数组 fa 中，连续读 5 次，即读 5 个实数到 fa 中。

【例 12-6】从键盘输入两个学生数据，写入一个文件中，再读出这两个学生的数据显示在屏幕上。

```
#include<stdio.h>
struct stu
{
char name[10];
int num;
int age;
char addr[15];
}boya[2],boyb[2],*pp,*qq;
main()
{
FILE *fp;
char ch;
int i;
pp=boya;
qq=boyb;
if((fp=fopen("stu_list","wb+"))==NULL)
{
printf("Cannot open file strike any key exit!");
getch();
exit(1);
}
printf("\ninput data\n");
for(i=0;i<2;i++,pp++)
scanf("%s%d%d%s",pp->name,&pp->num,&pp->age,pp->addr);
```

```
pp = boya;
fwrite(pp,sizeof(struct stu),2,fp);
rewind(fp);
fread(qq,sizeof(struct stu),2,fp);
printf("\n\nname\tnumber age addr\n");
for(i = 0;i<2;i + + ,qq + + )
printf(" % s\t % 5d % 7d % s\n",qq - >name,qq - >num,qq - >age,qq - >addr);
fclose(fp);
}
```

本例程序定义了一个结构 stu,说明了两个结构数组 boya 和 boyb 以及两个结构指针变量 pp 和 qq。pp 指向 boya,qq 指向 boyb。程序第 16 行以读写方式打开二进制文件"stu_list",输入两个学生数据之后,写入该文件中,然后把文件内部位置指针移到文件首,读出两块学生数据后,在屏幕上显示。

12.4.4 格式化读写函数 fscanf 和 fprintf

fscanf 函数、fprintf 函数与前面使用的 scanf 和 printf 函数的功能相似,都是格式化读写函数。两者的区别在于 fscanf 函数和 fprintf 函数的读写对象不是键盘和显示器,而是磁盘文件。这两个函数的调用格式为:fscanf(文件指针,格式字符串,输入表列);fprintf(文件指针,格式字符串,输出表列);例如:

```
fscanf(fp," % d % s",&i,s);
fprintf(fp," % d % c",j,ch);
```

用 fscanf 和 fprintf 函数也可以完成例 12 - 6 的问题。修改后的程序如例 12 - 7 所示。

【例 12 - 7】

```
#include<stdio.h>
struct stu
{
char name[10];
int num;
int age;
char addr[15];
}boya[2],boyb[2], * pp, * qq;
main()
{
FILE * fp;
char ch;
int i;
pp = boya;
qq = boyb;
```

```
if((fp = fopen("stu_list","wb +")) == NULL)
{
printf("Cannot open file strike any key exit!");
getch();
exit(1);
}
printf("\ninput data\n");
for(i = 0;i<2;i + + ,pp + + )
scanf(" %s %d %d %s",pp - >name,&pp - >num,&pp - >age,pp - >addr);
pp = boya;
for(i = 0;i<2;i + + ,pp + + )
fprintf(fp," %s  %d  %d  %s\n",pp - >name,pp - >num,pp - >age,pp - >addr);
rewind(fp);
for(i = 0;i<2;i + + ,qq + + )
fscanf(fp," %s  %d  %d  %s\n",qq - >name,&qq - >num,&qq - >age,qq - >addr);
printf("\n\nname\tnumber age addr\n");
qq = boyb;
for(i = 0;i<2;i + + ,qq + + )
printf(" %s\t %5d  %7d  %s\n",qq - >name,qq - >num, qq - >age,qq - >addr);
fclose(fp);
}
```

与例 12 - 6 相比，本程序中 fscanf 和 fprintf 函数每次只能读写一个结构数组元素，因此采用了循环语句来读写全部数组元素。还要注意指针变量 pp，qq 由于循环改变了它们的值，因此在程序的 25 和 32 行分别对它们重新赋予了数组的首地址。

12.5　文件的随机读写

前面介绍的对文件的读写方式都是顺序读写，即读写文件只能从头开始，顺序读写各个数据。但在实际问题中常要求只读写文件中某一指定的部分。为了解决这个问题可移动文件内部的位置指针到需要读写的位置，再进行读写，这种读写称为随机读写。实现随机读写的关键是要按要求移动位置指针，这称为文件的定位。文件定位移动文件内部位置指针的函数主要有两个，即 rewind 函数和 fseek 函数。

rewind 函数前面已多次使用过，其调用形式为：rewind(文件指针)；它的功能是把文件内部的位置指针移到文件首。下面主要介绍 fseek 函数。

fseek 函数用来移动文件内部位置指针，其调用形式为：fseek(文件指针，位移量，起始点)；其中："文件指针"指向被移动的文件。"位移量"表示移动的字节数，要求位移量是 long 型数据，以便在文件长度大于 64KB 时不会出错。当用常量表示位移量时，要求加后缀"L"。"起始点"表示从何处开始计算位移量，规定的起始点有三种：文件首、当前位置和文件尾。

其表示方法如下：

起始点	表示符号	数字表示
文件首	SEEK—SET	0
当前位置	SEEK—CUR	1
文件末尾	SEEK—END	2

例如：fseek(fp,100L,0)；其意义是把位置指针移到离文件首 100 个字节处。还要说明的是 fseek 函数一般用于二进制文件。在文本文件中由于要进行转换，故往往计算的位置会出现错误。文件的随机读写在移动位置指针之后，即可用前面介绍的任一种读写函数进行读写。由于一般是读写一个数据块，因此常用 fread 和 fwrite 函数。下面用例题来说明文件的随机读写。

【例 12-8】 在学生文件 stu list 中读出第二个学生的数据。

```
#include<stdio.h>
struct stu
{
char name[10];
int num;
int age;
char addr[15];
}boy, *qq;
main()
{
FILE *fp;
char ch;
int i=1;
qq=&boy;
if((fp=fopen("stu_list","rb"))==NULL)
{
printf("Cannot open file strike any key exit!");
getch();
exit(1);
}
rewind(fp);
fseek(fp,i*sizeof(struct stu),0);
fread(qq,sizeof(struct stu),1,fp);
printf("\n\nname\tnumber age addr\n");
printf("%s\t%5d %7d %s\n",qq->name,qq->num,qq->age,qq->addr);
}
```

文件 stu_list 已由例 x.6 的程序建立，本程序用随机读出的方法读出第二个学生的数据。程序中定义 boy 为 stu 类型变量，qq 为指向 boy 的指针。以读二进制文件方式打开文件，程序第 22 行移动文件位置指针。其中的 i 值为 1，表示从文件头开始，移动一个 stu 类型的长度，然后再读出的数据即为第二个学生的数据。

12.6　文件检测函数

C 语言中常用的文件检测函数有以下几个。

(1)文件结束检测函数 feof 函数调用格式：feof(文件指针)；

功能：判断文件是否处于文件结束位置，如文件结束，则返回值为 1，否则为 0。

(2)读写文件出错检测函数 ferror，函数调用格式：ferror(文件指针)；

功能：检查文件在用各种输入输出函数进行读写时是否出错。如 ferror 返回值为 0 表示未出错，否则表示有错。

(3)文件出错标志和文件结束标志置 0 函数 clearerr 函数调用格式：clearerr(文件指针)；

功能：本函数用于清除出错标志和文件结束标志，使它们为 0 值。

12.7　本章小结

1. C 系统把文件当作一个“流”，按字节进行处理。

2. C 文件按编码方式分为二进制文件和 ASCII 文件。

3. C 语言中，用文件指针标识文件，当一个文件被打开时，可取得该文件指针。

4. 文件在读写之前必须打开，读写结束必须关闭。

5. 文件可按只读、只写、读写、追加四种操作方式打开，同时还必须指定文件的类型是二进制文件还是文本文件。

6. 文件可按字节、字符串、数据块为单位读写，文件也可按指定的格式进行读写。

7. 文件内部的位置指针可指示当前的读写位置，移动该指针可以对文件实现随机读写。

附录一　C语言的关键字

关键字	用　途	说　明
Auto	存储种类说明	用以说明局部变量,缺省值为此
Break	程序语句	退出最内层循环
Case	程序语句	Switch 语句中的选择项
Char	数据类型说明	单字节整型数或字符型数据
Const	存储类型说明	在程序执行过程中不可更改的常量值
Continue	程序语句	转向下一次循环
Default	程序语句	Switch 语句中的失败选择项
Do	程序语句	构成 do..while 循环结构
Double	数据类型说明	双精度浮点数
Else	程序语句	构成 if..else 选择结构
Enum	数据类型说明	枚举
Extern	存储种类说明	在其他程序模块中说明了的全局变量
Flost	数据类型说明	单精度浮点数
For	程序语句	构成 for 循环结构
Goto	程序语句	构成 goto 转移结构
If	程序语句	构成 if..else 选择结构
Int	数据类型说明	基本整型数
Long	数据类型说明	长整型数
Register	存储种类说明	使用 CPU 内部寄存的变量
Return	程序语句	函数返回
Short	数据类型说明	短整型数
Signed	数据类型说明	有符号数,二进制数据的最高位为符号位
Sizeof	运算符	计算表达式或数据类型的字节数
Static	存储种类说明	静态变量
Struct	数据类型说明	结构类型数据
Switch	程序语句	构成 switch 选择结构

续表

关键字	用　途	说　明
Typedef	数据类型说明	重新进行数据类型定义
Union	数据类型说明	联合类型数据
Unsigned	数据类型说明	无符号数数据
Void	数据类型说明	无类型数据
Volatile	数据类型说明	该变量在程序执行中可被隐含地改变
While	程序语句	构成 while 和 do..while 循环结构

附录二 ASCII 代码对应表

Char	Dec	Oct	Hex	Char	Dec	Oct	Hex	Char	Dec	Oct	Hex	Char	Dec	Oct	Hex
(nul)	0	0000	0x00	(sp)	32	0040	0x20	@	64	0100	0x40	′	96	0140	0x60
(soh)	1	0001	0x01	!	33	0041	0x21	A	65	0101	0x41	a	97	0141	0x61
(stx)	2	0002	0x02	″	34	0042	0x22	B	66	0102	0x42	b	98	0142	0x62
(etx)	3	0003	0x03	#	35	0043	0x23	C	67	0103	0x43	c	99	0143	0x63
(eot)	4	0004	0x04	$	36	0044	0x24	D	68	0104	0x44	d	100	0144	0x64
(enq)	5	0005	0x05	%	37	0045	0x25	E	69	0105	0x45	e	101	0145	0x65
(ack)	6	0006	0x06	&	38	0046	0x26	F	70	0106	0x46	f	102	0146	0x66
(bel)	7	0007	0x07	′	39	0047	0x27	G	71	0107	0x47	g	103	0147	0x67
(bs)	8	0010	0x08	(	40	0050	0x28	H	72	0110	0x48	h	104	0150	0x68
(ht)	9	0011	0x09	)	41	0051	0x29	I	73	0111	0x49	i	105	0151	0x69
(nl)	10	0012	0x0a	*	42	0052	0x2a	J	74	0112	0x4a	j	106	0152	0x6a
(vt)	11	0013	0x0b	+	43	0053	0x2b	K	75	0113	0x4b	k	107	0153	0x6b
(np)	12	0014	0x0c	,	44	0054	0x2c	L	76	0114	0x4c	l	108	0154	0x6c
(cr)	13	0015	0x0d	−	45	0055	0x2d	M	77	0115	0x4d	m	109	0155	0x6d
(so)	14	0016	0x0e	.	46	0056	0x2e	N	78	0116	0x4e	n	110	0156	0x6e
(si)	15	0017	0x0f	/	47	0057	0x2f	O	79	0117	0x4f	o	111	0157	0x6f
(dle)	16	0020	0x10	0	48	0060	0x30	P	80	0120	0x50	p	112	0160	0x70
(dc1)	17	0021	0x11	1	49	0061	0x31	Q	81	0121	0x51	q	113	0161	0x71
(dc2)	18	0022	0x12	2	50	0062	0x32	R	82	0122	0x52	r	114	0162	0x72
(dc3)	19	0023	0x13	3	51	0063	0x33	S	83	0123	0x53	s	115	0163	0x73
(dc4)	20	0024	0x14	4	52	0064	0x34	T	84	0124	0x54	t	116	0164	0x74
(nak)	21	0025	0x15	5	53	0065	0x35	U	85	0125	0x55	u	117	0165	0x75
(syn)	22	0026	0x16	6	54	0066	0x36	V	86	0126	0x56	v	118	0166	0x76
(etb)	23	0027	0x17	7	55	0067	0x37	W	87	0127	0x57	w	119	0167	0x77
(can)	24	0030	0x18	8	56	0070	0x38	X	88	0130	0x58	x	120	0170	0x78
(em)	25	0031	0x19	9	57	0071	0x39	Y	89	0131	0x59	y	121	0171	0x79
(sub)	26	0032	0x1a	:	58	0072	0x3a	Z	90	0132	0x5a	z	122	0172	0x7a
(esc)	27	0033	0x1b	;	59	0073	0x3b	[	91	0133	0x5b	{	123	0173	0x7b
(fs)	28	0034	0x1c	<	60	0074	0x3c	\	92	0134	0x5c	|	124	0174	0x7c
(gs)	29	0035	0x1d	=	61	0075	0x3d	]	93	0135	0x5d	}	125	0175	0x7d
(rs)	30	0036	0x1e	>	62	0076	0x3e	ˆ	94	0136	0x5e	~	126	0176	0x7e
(us)	31	0037	0x1f	?	63	0077	0x3f	_	95	0137	0x5f	(del)	127	0177	0x7f

附录三 C语言运算符的优先级和结合性

优先级	类型	运算符	名称	结合性
1		() [] -> .	圆括号 下标 箭头 点	左到右
2	单目	! ~ ++ -- - (类型) * & Sizeof	逻辑反 按位反 增1 减1 负号 强制类型 取内容 取地址 字节数	右到左
3	算术	* / %	乘 除 取余	左到右
4	算术	+ -	加 减	左到右
5	位运算	<< >>	左移 右移	左到右
6	关系	> >= < <=	大于 大于等于 小于 小于等于	左到右
7	关系	== !=	相等 不等	左到右
8	按位	&	位于	左到右
9	按位	^	位异或	左到右
10	按位	|	位或	左到右

续表

优先级	类型	运算符	名称	结合性
11	逻辑	&&	逻辑与	左到右
12	逻辑	||	逻辑或	左到右
13	条件	?:	条件	右到左
14	赋值	= +=等 &=等	赋值 算术赋值 按位赋值	右到左
15	顺序	,	逗号	左到右

附录四　编译错误信息

说明:Turbo C 的源程序错误分为三种类型:致命错误、一般错误和警告。其中,致命错误通常是内部编译出错;一般错误指程序的语法错误、磁盘或内存存取错误或命令行错误等;警告则只是指出一些值得怀疑的情况,它并不防止编译的进行。

下面按字母顺序 A～Z 分别列出致命错误及一般错误信息,英汉对照及处理方法。

1. 致命错误英汉对照及处理方法

A—B 致命错误

Bad call of in-line function (内部函数非法调用)

分析与处理:在使用一个宏定义的内部函数时,没能正确调用。一个内部函数以两个下划线(__)开始和结束。

Irreducable expression tree (不可约表达式树)

分析与处理:这种错误指的是文件行中的表达式太复杂,使得代码生成程序无法为它生成代码。这种表达式必须避免使用。

Register allocation failure (存储器分配失败)

分析与处理:这种错误指的是文件行中的表达式太复杂,代码生成程序无法为它生成代码。此时应简化这种繁杂的表达式或干脆避免使用它。

2. 一般错误信息英汉照及处理方法

＃operator not followed by maco argument name(＃运算符后没跟宏变元名)

分析与处理:在宏定义中,＃用于标识一宏变串。“＃”号后必须跟一个宏变元名。

'xxxxxx' not anargument ('xxxxxx'不是函数参数)

分析与处理:在源程序中将该标识符定义为一个函数参数,但此标识符没有在函数中出现。

Ambiguous symbol 'xxxxxx' (二义性符号'xxxxxx')

分析与处理:两个或多个结构的某一域名相同,但具有的偏移、类型不同。在变量或表达式中引用该域而未带结构名时,会产生二义性,此时需修改某个域名或在引用时加上结构名。

Argument ＃ missing name (参数＃名丢失)

分析与处理:参数名已脱离用于定义函数的函数原型。如果函数以原型定义,该函数必须包含所有的参数名。

Argument list syntax error (参数表出现语法错误)

分析与处理:函数调用的参数间必须以逗号隔开,并以一个右括号结束。若源文件中含有一个其后不是逗号也不是右括号的参数,则出错。

Array bounds missing (数组的界限符"]"丢失)

分析与处理:在源文件中定义了一个数组,但此数组没有以下右方括号结束。

Array size too large (数组太大)

分析与处理:定义的数组太大,超过了可用内存空间。

Assembler statement too long (汇编语句太长)

分析与处理:内部汇编语句最长不能超过 480 字节。

Bad configuration file (配置文件不正确)

分析与处理:TURBOC. CFG 配置文件中包含的不是合适命令行选择项的非注解文字。配置文件命令选择项必须以一个短横线开始。

Bad file name format in include directive(包含指令中文件名格式不正确)

分析与处理:包含文件名必须用引号("filename. h")或尖括号(<filename>)括起来,否则将产生本类错误。如果使用了宏,则产生的扩展文本也不正确,因为无引号没办法识别。

Bad ifdef directive syntax (ifdef 指令语法错误)

分析与处理:#ifdef 必须以单个标识符(只此一个)作为该指令的体。

Bad ifndef directive syntax (ifndef 指令语法错误)

分析与处理:#ifndef 必须以单个标识符(只此一个)作为该指令的体。

Bad undef directive syntax (undef 指令语法错误)

分析与处理:#undef 指令必须以单个标识符(只此一个)作为该指令的体。

Bad file size syntax (位字段长语法错误)

分析与处理:一个位字段长必须是 1—16 位的常量表达式。

Call of non－functin (调用未定义函数)

分析与处理:正被调用的函数无定义,通常是由于不正确的函数声明或函数名拼错而造成。

Cannot modify a const object (不能修改一个常量对象)

分析与处理:对定义为常量的对象进行不合法操作(如常量赋值)引起本错误。

Case outside of switch (Case 出现在 switch 外)

分析与处理:编译程序发现 Case 语句出现在 switch 语句之外,这类故障通常是由于括号不匹配造成的。

Case statement missing (Case 语句漏掉)

分析与处理:Case 语必须包含一个以冒号结束的常量表达式,如果漏了冒号或在冒号前多了其它符号,则会出现此类错误。

Character constant too long (字符常量太长)

分析与处理:字符常量的长度通常只能是一个或两个字符长,超过此长度则会出现这种错误。

Compound statement missing (漏掉复合语句)

分析与处理:编译程序扫描到源文件末时,未发现结束符号 (大括号),此类故障通常是由于大括号不匹配所致。

Conflicting type modifiers (类型修饰符冲突)

分析与处理：对同一指针，只能指定一种变址修饰符(如 near 或 far)；而对于同一函数，也只能给出一种语言修饰符(如 Cdecl、pascal 或 interrupt)。

Constant expression required (需要常量表达式)

分析与处理：数组的大小必须是常量，本错误通常是由于＃define 常量的拼写错误引起。

Could not find file 'xxxxxx. xxx' (找不到'xxxxxx. xx'文件)

分析与处理：编译程序找不到命令行上给出的文件。

Declaration missing (漏掉了说明)

分析与处理：当源文件中包含了一个 struct 或 union 域声明，而后面漏掉了分号，则会出现此类错误。

Declaration needs type or storage class(说明必须给出类型或存储类)

分析与处理：正确的变量说明必须指出变量类型，否则会出现此类错误。

Declaration syntax error (说明出现语法错误)

分析与处理：在源文件中，若某个说明丢失了某些符号或输入多余的符号，则会出现此类错误。

Default outside of switch (Default 语句在 switch 语句外出现)

分析与处理：这类错误通常是由于括号不匹配引起的。

Define directive needs an identifier (Define 指令必须有一个标识符)

分析与处理：＃define 后面的第一个非空格符必须是一个标识符，若该位置出现其它字符，则会引起此类错误。

Division by zero (除数为零)

分析与处理：当源文件的常量表达式出现除数为零的情况，则会造成此类错误。

Do statement must have while (do 语句中必须有 While 关键字)

分析与处理：若源文件中包含了一个无 while 关键字的 do 语句，则出现本错误。

Do while statement missing ((Do while 语句中漏掉了符号 "(")

分析与处理：在 do 语句中，若 while 关键字后无左括号，则出现本错误。

Do while statement missing; (Do while 语句中掉了分号)

分析与处理：在 Do 语句的条件表达式中，若右括号后面无分号则出现此类错误。

Duplicate Case (Case 情况不唯一)

分析与处理：Switch 语句的每个 case 必须有一个唯一的常量表达式值。否则导致此类错误发生。

Enum syntax error (Enum 语法错误)

分析与处理：若 Enum 说明的标识符表格式不对，将会引起此类错误发生。

Enumeration constant syntax error (枚举常量语法错误)

分析与处理：若赋给 Enum 类型变量的表达式值不为常量，则会导致此类错误发生。

Error Directive : xxxx (Error 指令：xxxx)

分析与处理：源文件处理＃error 指令时，显示该指令指出的信息。

Error writing output file (写输出文件错误)

分析与处理：这类错误通常是由于磁盘空间已满，无法进行写入操作而造成。

Expression syntax error（表达式语法错误）

分析与处理：本错误通常是由于出现两个连续的操作符、括号不匹配或缺少括号、前一语句漏掉了分号引起的。

Extra parameter in call（调用时出现多余参数）

分析与处理：本错误是由于调用函数时，其实际参数个数多于函数定义中的参数个数所致。

Extra parameter in call to xxxxxx(调用 xxxxxx 函数时出现了多余参数）

File name too long（文件名太长）

分析与处理：#include 指令给出的文件名太长，致使编译程序无法处理，则会出现此类错误。通常 DOS 下的文件名长度不能超过 64 个字符。

For statement missing)（For 语名缺少")"）

分析与处理：在 for 语句中，如果控制表达式后缺少右括号，则会出现此类错误。

For statement missing(（For 语句缺少"("）

分析与处理：在 for 语句中，如果控制表达式后缺少左括号，则会出现此类错误。

For statement missing;（For 语句缺少";"）

分析与处理：在 for 语句中，当某个表达式后缺少分号，则会出现此类错误。

Function call missing)（函数调用缺少")"）

分析与处理：如果函数调用的参数表漏掉了右括号或括号不匹配，则会出现此类错误。

Function definition out of place（函数定义位置错误）

Function doesn't take a variable number of argument(函数不接受可变的参数个数）

Goto statement missing label（Goto 语句缺少标号）

If statement missing(（If 语句缺少"("）

If statement missing)（If 语句缺少")"）

lllegal initalization（非法初始化）

lllegal octal digit（非法八进制数）

分析与处理：此类错误通常是由于八进制常数中包含了非八进制数字所致。

lllegal pointer subtraction（非法指针相减）

lllegal structure operation（非法结构操作）

lllegal use of floating point（浮点运算非法）

lllegal use of pointer（指针使用非法）

Improper use of a typedef symbol（typedef 符号使用不当）

Incompatible storage class（不相容的存储类型）

Incompatible type conversion（不相容的类型转换）

Incorrect commadn line argument:xxxxxx（不正确的命令行参数:xxxxxxx）

Incorrect commadn file argument:xxxxxx（不正确的配置文件参数:xxxxxxx）

Incorrect number format（不正确的数据格式）

Incorrect use of default（deflult 不正确使用）

Initializer syntax error（初始化语法错误）
Invaild indrection（无效的间接运算）
Invalid macro argument separator（无效的宏参数分隔符）
Invalid pointer addition（无效的指针相加）
Invalid use of dot（点使用错）
Macro argument syntax error（宏参数语法错误）
Macro expansion too long（宏扩展太长）
Mismatch number of parameters in definition（定义中参数个数不匹配）
Misplaced break（break 位置错误）
Misplaced continue（位置错）
Misplaced decimal point（十进制小数点位置错）
Misplaced else（else 位置错）
Misplaced else driective（else 指令位置错）
Misplaced endif directive（endif 指令位置错）
Must be addressable（必须是可编址的）
Must take address of memory location（必须是内存一地址）
No file name ending（无文件终止符）
No file names given（未给出文件名）
Non-protable pointer assignment（对不可移植的指针赋值）
Non-protable pointer comparison（不可移植的指针比较）
Non-protable return type conversion（不可移植的返回类型转换）
Not an allowed type（不允许的类型）
Out of memory（内存不够）
Pointer required on left side of（操作符左边须是一指针）
Redeclaration of 'xxxxxx'（'xxxxxx'重定义）
Size of structure or array not known（结构或数组大小不定）
Statement missing;（语句缺少";"）
Structure or union syntax error（结构或联合语法错误）
Structure size too large（结构太大）
Subscription missing]（下标缺少']'）
Switch statement missing (（switch 语句缺少"("）
Switch statement missing)（switch 语句缺少")"）
Too few parameters in call（函数调用参数太少）
Too few parameter in call to'xxxxxx'（调用'xxxxxx'时参数太少）
Too many cases（Cases 太多）
Too many decimal points（十进制小数点太多）
Too many default cases（defaut 太多）
Too many exponents（阶码太多）

Too many initializers (初始化太多)

Too many storage classes in declaration (说明中存储类太多)

Too many types in decleration (说明中类型太多)

Too much auto memory in function (函数中自动存储太多)

Too much global define in file (文件中定义的全局数据太多)

Two consecutive dots (两个连续点)

Type mismatch in parameter # (参数"#"类型不匹配)

Type mismatch in parameter # in call to 'XXXXXXX' (调用'XXXXXXX'时参数#类型不匹配)

Type missmatch in parameter 'XXXXXXX' (参数'XXXXXXX'类型不匹配)

Type mismatch in parameter 'YYYYYYYY' in call to 'YYYYYYYY'(调用'YYYYYYY'时参数'XXXXXXXX'数型不匹配)

Type mismatch in redeclaration of 'XXX' (重定义类型不匹配)

Unable to creat output file 'XXXXXXXX. XXX' (不能创建输出文件'XXXXXXXX. XXX')

Unable to create turboc. lnk (不能创建 turboc. lnk)

Unable to execute command 'xxxxxxxx'(不能执行'xxxxxxxx'命令)

Unable to open include file 'xxxxxxx. xxx' (不能打开包含文件'xxxxxxxx. xxx')

Unable to open inputfile 'xxxxxxx. xxx' (不能打开输入文件'xxxxxxxx. xxx')

Undefined label 'xxxxxxx' (标号'xxxxxxx'未定义)

Undefined structure 'xxxxxxxxx' (结构'xxxxxxxxxx'未定义)

Undefined symbol 'xxxxxxx' (符号'xxxxxxxx'未定义)

Unexpected end of file in comment started on line #(源文件在某个注释中意外结束)

Unexpected end of file in conditional stated on line # (源文件在#行开始的条件语句中意外结束)

Unknown preprocessor directive 'xxx' (不认识的预处理指令:'xxx')

Untermimated character constant (未终结的字符常量)

Unterminated string (未终结的串)

Unterminated string or character constant(未终结的串或字符常量)

User break (用户中断)

Value required (赋值请求)

While statement missing ((While 语句漏掉 '(')

While statement missing) (While 语句漏掉 ')')

Wrong number of arguments in of 'xxxxxxxx' (调用'xxxxxxxx'时参数个数错误)

附录五　C语言常用库函数

1. 常用的数学函数(包含在math.h中)

函数名	函数原型	功能	返回值
abs	int abs(int x);	求整型x的绝对值	计算结果
acos	double acos(double x);	求arccos x的值	计算结果
asin	double asin(double x);	求arcsin x的值	计算结果
atan	double atan(double x);	求arctan x的值	计算结果
cos	double cos(double x);	求cos x的值	计算结果
exp	double exp(double x);	求e^x的值	计算结果
fabs	double fabs(double x);	求实型x的绝对值	计算结果
log	double log(double x);	求ln x的值	计算结果
log10	double log10(double x);	求lg x的值	计算结果
pow	double pow(double x,double y);	求x^y的值	计算结果
sin	double sin(double x);	求sin x的值	计算结果
sqrt	double sqrt(double x);	求x算术平方根的值	计算结果
tan	double tan(double x);	求tan x的值	计算结果

2. 常用的字符处理函数(包含在ctype.h中)

函数名	函数原型	功能	返回值
isdigit	int isdigit(int c);	判断c是否为数字	是返回1,否则返回0
isalnum	int isalnum(int c);	判断c是否为数字或字母	是返回1,否则返回0
isalpha	int isalpha(int c);	判断c是否为字母	是返回1,否则返回0
iscntrl	int iscntrl(int c);	判断c是否为控制字符	是返回1,否则返回0
islower	int islower(int c);	判断c是否为小写字母	是返回1,否则返回0
isspace	int isspace(int c);	判断c是否为空格	是返回1,否则返回0
isupper	int isupper(int c);	判断c是否为大写字母	是返回1,否则返回0
tolower	int tolower(int c);	将c字符转换为小写字母	返回字符c的小写字母
toupper	int toupper(int c);	将c字符转换为大写字母	返回字符c的大写字母

3.常用的字符串处理函数(包含在 string.h 中)

函数名	函数原型	功能	返回值
strcat	Char * strcat(char * s1,char * s2)	将字符串 s2 连接到字符串 s1 的后面;调用时保证 s1 的空间足够大,能存入 s1 和 s2 两个字符串的内容	返回 s1 的指针
strchr	char * strchr(char * s,int c);	在 s 字符串中找出字符 c 第一次出现的位置	找到返回该位置的地址,否则返回NULL
strcmp	int strcmp(char * s1,char * s2);	比较 s1 与 s2 字符串的大小	s1>s2,返回负数 s1=s2,返回 0 s1<s2,返回正数
strcpy	char * strcpy(char * s1,char * s2);	将 s2 字符串复制到 s1 指向的内存空间,s2 必须是以'\0'终止的字符串指针	返回 s1 的指针
strlen	int strlen(char * s);	求字符串 s 的长度	返回有效字符个数
strncat	char * strncat(char * s1,char * s2,int n);	将字符串 s2 中的前 n 个字符连接到 s1 字符串后面	返回 s1 的指针
strncmp	int strncmp(char * s1,char * s2,int n);	比较字符串 s1 和 s2 前 n 个字符的大小	s1>s2,返回负数 s1=s2,返回 0 s1<s2,返回正数
strncpy	char * strncpy(char * s1,char * s2,int n);	将 s2 的前 n 个字符复制到 s1 中,s2 必须是以'\0'终止的字符串指针	返回 s1 的指针
strstr	char * strstr(char * s1,char * s2);	在字符串 s1 中查找字符串 s2 第一次出现的位置	找到返回该位置的地址,否则返回 NULL
strupr	char * strupr(char * s);	将字符串字符串 s 中的字母都变成大写字母	返回 s 的指针

4. 常用的文件操作函数(包含在 stdio. h 中)

函数名	函数原型	功能	返回值
fclose	int fclose(FILE * fp);	关闭 fp 所指的文件，释放文件缓冲区	出错返回非 0 值，否则返回 0
feof	int feof(FILE * fp);	判断文件是否结束	文件结束返回非 0 值，否则返回 0
fgetc	int fgetc(FILE * fp);	从 fp 所指文件中读取下一个字符	出错返回 EOF，否则返回读取字符的 ASCII 码
fgets	char * fgets(char * b, int n, FILE * fp);	从 fp 把指文件中读取长度为 n－1 的字符串，并存入 b 所指存储区	返回 b 所指存储区的地址，若遇文件结束或出错则返回 NULL
fopen	FILE * fopen(char * filename, char * mode);	以 mode 指定的访问方式打开文件名为 filename 的文件	打开成功则返回文件信息区的起始地址，否则返回 NULL
fprintf	int fprintf(FILE * stream, char * format[, argument, …]);	将 argument 中的值以 format 指定的格式输出到 fp 所指的文件中	返回实际输出的字符数
fputc	int fputc(char c, FILE * fp);	将 c 中的字符存到 fp 所指的文件中	成功返回该字符，否则返回 EOF
fputs	int puts(char * s, FILE * fp);	将 s 所指的字符串存放到 fp 所指的文件中	成功返回非 0 值，否则返回 0
fread	int fread(void * ptr, int size, int n, FILE * fp);	从 fp 所指文件中读取长度为 size 的 n 个数据块并存入 ptr 所指的内存空间中	返回读取的内存块个数，若遇文件结束或出错则返回 0
fscanf	int fscanf(FILE * fp, char * format)[, argument, …]);	从 fp 所指文件中按 format 指定的格式把输入数据存入 argument 所指内存空间中	返回已输入的数据个数，遇到文件结束或出错则返回 0
fwrite	int fwrite(void * ptr, int size, int n, FILE * fp);	把 ptr 所指的 size * n 个字节输出到 fp 所指的文件中	返回输出的数据块个数
getchar	int getchar(void);	从标准输入设备读取一个字符	返回所读字符，若出错或文件结束返回－1
gets	char * gets(char * s);	从标准输入设备读取一个字符串	返回 s 的值
putchar	int putchar(char c);	把 c 存放的字符输出到标准输出设备	返回输出的字符，若出错则返回 EOF
puts	int puts(char * s);	把 s 所指字符串输出到标准输出设备，并追加换行符	返回输出的字符串，若出错则返回 EOF

5. 常用的内存操作函数(包含在 stdlib. h 中)

函数名	函数原型	功能	返回值
malloc	void * malloc (unsigned size);	分配一个 size 字节的内存空间	成功返回分配内存块的首地址,失败则返回 NULL
calloc	void * calloc(unsigned num, unsigned size);	分配 num 个数据项的内存空间,每个数据项占 s 个字节	成功返回分配内存块的首地址,失败则返回 NULL
realloc	void * realloc(void * p, unsigned num);	将 p 所指的内存区的大小改为 num 个字节	成功返回新分配内存空间的地址,失败则返回 0
memset	void * memset(void * buffer, int c,int count);	用 c 来初始化 buffer 所指定的内存空间的前 count 个字符	返回指向 buffer 的指针
memcpy	void * memcpy(void * dest, void * src, unsigned int count);	拷贝 src 指向的内存空间的前 count 个字符到 dest 指向的内存空间中	返回指向 dest 的指针
memmove	void * memmove(void * dest, void * src, unsigned int count);	移动 src 指向的内存空间的前 count 个字符到 dest 指向的内存空间中	src 指向的内存空间的前 count 个字符到 dest 指向的内存空间中
memcmp	int memcmp (void * buf1, void * buf2, unsigned int count);	比较 buf1 和 buf2 所指向内存的前 count 个字符是否相等	当 buf1＜buf2 时,返回＜0 当 buf1＝buf2 时,返回 0 当 buf1＞buf2 时,返回＞0
free	void free(void * p);	释放 p 所指的内存区域	无返回值